No.
01

1　式の計算

単項式と多項式

1 次の式は単項式か，多項式か答えなさい。　　　　　　　　　　　　　　(6点×6)

(1)　x

(2)　$a+b+c$

(3)　$9x+2y$

(4)　$-4mn^2$

(5)　$\dfrac{1}{8}xy$

(6)　$5x^2-2x+6$

2 次の多項式の項を答えなさい。　　　　　　　　　　　　　　　　　　(8点×6)

(1)　$3a+2b$

(2)　$\dfrac{1}{2}x^2-1$

(3)　$10m^2+5n$

(4)　$2x+6y-7$

(5)　$x^2-4x+11$

(6)　$\dfrac{2}{3}a^2-\dfrac{1}{2}a-9$

3 次の式の x^2，x のそれぞれの係数を答えなさい。　　　　　　　　(8点×2)

$6x^2-\dfrac{3}{5}x+2$

JN029730

得点UP

1 数や文字についての乗法だけでできている式が単項式，

2 まず，式を加法の式に直す。＋で結ばれた１つ１つが項である。

1 式の計算

式の次数

単項式の次数を答えなさい。 (6点×6)

(1)

(2) $-8ab$

(3) $7y^2$

(4) $3abc$

(5) $\dfrac{1}{4}x^2y$

(6) $-a^2b^2c$

 次の式は何次式ですか。 (8点×8)

(1) $a-8b$

(2) x^2-7

(3) $\dfrac{5}{9}m^3$

(4) $a+2bc$

(5) $5a-b+10c$

(6) $y^2-\dfrac{1}{2}y-1$

(7) $-\dfrac{x^3}{2}-3y^2$

(8) $4a^2b^3+a^2b^2$

得点UP

❶ 単項式でかけ合わされた文字の個数が，その式の次数である。
❷ 各項の次数のうちで，最大のものが，その多項式の次数である。

式の加法・減法(1)

1 次の式の同類項をまとめなさい。　　　　　　　　　　　　（6点×4）

(1) $5a+b+2a-3b$

(2) $3x-2y-$

(3) $6x^2-5x+4x-2x^2$

(4) $b-3ab+9ab-4b$

2 次の計算をしなさい。　　　　　　　　　　　　　　　　（7点×4）

(1) $(2x-y)+(3x+4y)$

(2) $(a+2b-5)+(b-6a+3)$

(3) $(3a+b)-(2a-5b)$

(4) $(2x^2-x-8)-(4x-3-5x^2)$

3 次の 2 つの式をたしなさい。また，左の式から右の式をひきなさい。　（6点×4）

(1) $4a+3b,\ a+5b$

(2) $2x^2-3x,\ 6x^2-x$

4 次の計算をしなさい。　　　　　　　　　　　　　　　　（6点×4）

(1)
$$\begin{array}{r} 7a-4b \\ +)\ \ a+3b \\ \hline \end{array}$$

(2)
$$\begin{array}{r} 2x-4y \\ -)\ 9x-8y \\ \hline \end{array}$$

(3)
$$\begin{array}{r} 6a+5b-7 \\ +)\ 9a-3b+4 \\ \hline \end{array}$$

(4)
$$\begin{array}{r} 2x^2-3x-4 \\ -)\ 4x^2+3x-2 \\ \hline \end{array}$$

得点UP

1　(3) x^2 と x は次数が異なるので，同類項ではない。

2　(3)－（　）のときは，**かっこの中の各項の符号を変えて**，かっこをはずして計算する。

式の加法・減法(2)

1 次の計算をしなさい。　　　　　　　　　　　　　　　　　(5点×4)

(1) $-4(a+2b)$

(2) $(3x-6y)\times\dfrac{1}{3}$

(3) $(20x-15y)\div5$

(4) $(4a+8b-6)\div(-2)$

2 次の計算をしなさい。　　　　　　　　　　　　　　　　　(8点×6)

(1) $2(a+5b)+3(a-2b)$

(2) $4(2x-3y)+7(-x+2y)$

(3) $5(3a-b)-3(4a+3b)$

(4) $6(x^2+2x-1)-2(3x^2+8x-4)$

(5) $4(a+3b)+\dfrac{1}{2}(6a-8b)$

(6) $\dfrac{1}{3}(9x-3y)-\dfrac{1}{4}(4x-12y)$

3 次の計算をしなさい。　　　　　　　　　　　　　　　　　(8点×4)

(1) $\dfrac{x}{2}+\dfrac{x-2y}{4}$

(2) $\dfrac{3a-5b}{8}+\dfrac{2a+3b}{4}$

(3) $\dfrac{3x-y}{2}-\dfrac{x-2y}{3}$

(4) $x-y-\dfrac{4x-7y}{5}$

得点UP

1 (1)負の数をかけるときは，**かっこの中の各項の符号の変化**に注意する。

3 分数の形の式の計算は，**通分して，分子をかっこでくくって**計算する。

単項式の乗法・除法(1)

1 次の計算をしなさい。　　　　　　　　　　　　　　　(5点×8)

(1) $2a \times 4b$

(2) $5x \times (-3y)$

(3) $(-4m) \times (-6n)$

(4) $(-7ab) \times 2c$

(5) $8x \times \dfrac{1}{4}y$

(6) $\dfrac{2}{3}a \times (-9b)$

(7) $\left(-\dfrac{1}{5}x\right) \times (-20y)$

(8) $\left(-\dfrac{4}{5}a\right) \times \dfrac{1}{2}b$

2 次の計算をしなさい。　　　　　　　　　　　　　　(6点×10)

(1) $(6a)^2$

(2) $(-5x)^2$

(3) $(-a)^3$

(4) $-(-3x)^2$

(5) $2x^2 \times 3x$

(6) $6a^2 \times (-4a)$

(7) $(-m) \times (-m^3)$

(8) $(-2a)^2 \times 7b$

(9) $(4x)^2 \times \dfrac{1}{8}x$

(10) $\dfrac{2}{3}a \times (-3b)^2$

得点UP

1 単項式どうしの乗法は，**係数どうしの積**と**文字どうしの積**をそれぞれ求め，それらをかけ合わせる。

2 (3)$-a = -1 \times a$ で，負の数を3つかけ合わせるから，積の符号はマイナスになる。

1　式の計算

単項式の乗法・除法⑵

1 次の計算をしなさい。　　　　　　　　　　　　　　　　　　　　　(6点×4)

(1)　$6ab \div 2b$

(2)　$18x^2 \div (-3x)$

(3)　$-40xy \div 5xy$

(4)　$-4a^2b \div (-6ab^2)$

2 次の計算をしなさい。　　　　　　　　　　　　　　　　　　　　　(7点×4)

(1)　$4ab \div \dfrac{1}{2}a$

(2)　$12xy^2 \div \left(-\dfrac{3}{4}y\right)$

(3)　$\dfrac{4}{9}xy \div \dfrac{2}{3}x$

(4)　$\dfrac{5}{8}ab^2 \div \left(-\dfrac{5}{6}ab\right)$

3 次の計算をしなさい。　　　　　　　　　　　　　　　　　　　　　(8点×6)

(1)　$3a \times (-ab) \times 5b$

(2)　$x^3 \times x \div x^2$

(3)　$18x^2y \div 9xy \times (-3y)$

(4)　$-56a^3 \div 4a \div 7a$

(5)　$12x^2y \div (-4x)^2 \times 8y$

(6)　$20a^2 \times \dfrac{3}{5}b \div (-6ab)$

得点UP
2 わる単項式の分母と分子を入れかえて，**除法を乗法に直して**計算する。
3 ⑸まず，累乗の部分の計算をしてから，乗法だけの式に直して計算する。

1 式の計算

式の値

1 $x=2$，$y=-1$ のとき，次の式の値を求めなさい。 （6点×6）

(1) $5xy$

(2) $3x-2y$

(3) $10+4xy$

(4) $6x+8y$

(5) $\dfrac{1}{2}x^2+9y$

(6) $7xy-3y^2$

2 $a=-3$，$b=\dfrac{1}{2}$ のとき，次の式の値を求めなさい。 （8点×8）

(1) $a+5b-4a-3b$

(2) $-7a+10b+2(4a-8b)$

(3) $2(3a+2b)-(a-4b)$

(4) $3(2a-b)-5(3a+7b)$

(5) $24a^3b^2\div 3ab$

(6) $8a\times(-9ab^2)\div 6ab$

(7) $(-2a)^2\div 2a^2b\times 4ab^3$

(8) $(-b)^3\times(4a)^2\div 3ab^2$

得点UP

❶ 負の数を代入するときは，かっこをつけて代入する。

❷ 式を簡単にしてから数を代入する。

1 式の計算

等式の変形

1 次の等式を〔　〕の中の文字について解きなさい。　　　　　　　　　　(8点×10)

(1) $x - 9y = 6$ 〔x〕

(2) $2a + b = 10$ 〔b〕

(3) $-3a = 12b$ 〔a〕

(4) $4x + 3y - 2 = 0$ 〔y〕

(5) $\dfrac{2}{3}x + y = 1$ 〔x〕

(6) $a = \dfrac{b}{4} - 2$ 〔b〕

(7) $2(a - 3) - 4b = 6$ 〔a〕

(8) $5x + 6y = 8x - 9$ 〔x〕

(9) $a = \dfrac{b - c}{5}$ 〔c〕

(10) $m = \dfrac{3a + 7b}{2}$ 〔b〕

2 次の等式を〔　〕の中の文字について解きなさい。　　　　　　　　　　(5点×4)

(1) $7xy = 5$ 〔x〕

(2) $c = \dfrac{2ab}{9}$ 〔a〕

(3) $\ell = \dfrac{mn}{2} - 1$ 〔m〕

(4) $V = \dfrac{1}{3}a^2 h$ 〔h〕

得点UP

❶ 等式の性質を使って、(解く文字)＝〜の形に変形する。

文字式の利用

1 　2けたの自然数から，その数の十の位の数と一の位の数との和をひいた数は9の倍数になる。そのわけを，文字を使って説明しなさい。

(30点)

2 　右のカレンダーは，ある月のものである。このカレンダーで，右のような点線の形で囲まれた5つの数の和について，次の問いに答えなさい。

(20点×2)

日	月	火	水	木	金	土
		1	2	3	4	5
6	7	8	9	10	11	12
13	14	15	16	17	18	19
20	21	22	23	24	25	26
27	28	29	30	31		

(1)　右の図のように，5つの数のうちの真ん中の数を n とするとき，a, b, c, d にあたる数を，n を使って表しなさい。

(2)　5つの数の和は5の倍数になる。そのわけを，文字を使って説明しなさい。

3 　底面が1辺 a cmの正方形で，高さが h cmの四角柱Aと，四角柱Aの底面の1辺の長さを2倍に，高さを半分にした四角柱Bがある。四角柱Bの体積は，四角柱Aの体積の何倍になりますか。

(30点)

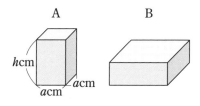

得点UP

1 　2けたの自然数は，十の位の数を x，一の位の数を y とすると，$10x+y$ と表せる。

2 　(1)カレンダーでは，上下に並んだ2数の差は7になる。

1　式の計算

まとめテスト①

1 次の計算をしなさい。 (8点×4)

(1) $6x^2 - xy - 3xy - 5x^2$

(2) $(2a - 3b + 1) - (7a - 4b - 5)$

(3) $5(2a - b) + 3(2b - 3a)$

(4) $\dfrac{2x + y}{3} - \dfrac{x - 3y}{4}$

2 次の計算をしなさい。 (8点×4)

(1) $(-7a) \times (-4b)$

(2) $20x^2 \div \dfrac{4}{5}x$

(3) $-8ab \times 3a \div (-6ab)$

(4) $36xy^2 \div 3x \div (-4y)$

3 $x = 3$, $y = -\dfrac{1}{2}$ のとき，次の式の値を求めなさい。 (8点×2)

(1) $6(x - 2y) - 2(4x + 3y)$

(2) $4xy \times \left(-\dfrac{1}{3}x\right) \times 6y$

4 3けたの自然数がある。この自然数から，その数の百の位の数と一の位の数を入れかえた自然数をひいた数は，99の倍数になる。そのわけを，文字を使って説明しなさい。 (20点)

2 連立方程式

連立方程式とその解

月　　　日

点

合格点: **80** 点／100 点

1 次の問いに答えなさい。 （20点×3）

(1) $x-y=7$ を成り立たせる x, y の値の組を求め，表を完成させなさい。

x	0	1	2	3	4	5
y						

(2) $2x+y=5$ を成り立たせる x, y の値の組を求め，表を完成させなさい。

x	0	1	2	3	4	5
y						

(3) (1), (2)の表から，連立方程式 $\begin{cases} x-y=7 \\ 2x+y=5 \end{cases}$ の解を求めなさい。

2 次の x, y の値の組のうち，それぞれの連立方程式の解を選び，記号で答えなさい。
（10点×2）

㋐ $x=2$, $y=1$ 　　　　㋑ $x=2$, $y=-1$

㋒ $x=-2$, $y=1$ 　　　㋓ $x=-2$, $y=-1$

(1) $\begin{cases} x+5y=3 \\ 3x-y=-7 \end{cases}$ 　　　(2) $\begin{cases} 4x-y=9 \\ 2x+3y=1 \end{cases}$

3 次の連立方程式のうち，解が $x=4$, $y=-2$ であるものをすべて選び，記号で答えなさい。
（20点）

㋐ $\begin{cases} x+y=2 \\ -x+y=2 \end{cases}$ 　　　㋑ $\begin{cases} x-y=6 \\ 3x+2y=8 \end{cases}$

㋒ $\begin{cases} 2x-3y=14 \\ 4x-y=6 \end{cases}$ 　　　㋓ $\begin{cases} x-4y=12 \\ x+4y=-4 \end{cases}$

得点UP

1 (3)(1), (2)の両方の方程式を成り立たせる x, y の値の組が連立方程式の解である。

3 それぞれの連立方程式に，$x=4$, $y=-2$ を代入して，両方の方程式が成り立つものを選ぶ。

2　連立方程式

連立方程式の解き方(1)

1 次の連立方程式を，□ にあてはまる数を書いて解きなさい。　　　(20点×2)

(1) $\begin{cases} 5x+y=9 & \cdots\cdots① \\ 3x-y=-1 & \cdots\cdots② \end{cases}$

①，②の両辺をそれぞれたすと，□$x=$□，$x=$□

$x=$□ を①に代入して，$5\times$□$+y=9$，$y=$□

(2) $\begin{cases} 2x+5y=1 & \cdots\cdots① \\ x+4y=-1 & \cdots\cdots② \end{cases}$

①－②×2から，□$y=$□，$y=$□

$y=$□ を②に代入して，$x+4\times\left(\boxed{}\right)=-1$，$x=$□

2 次の連立方程式を，加減法で解きなさい。　　　(10点×6)

(1) $\begin{cases} 2x-y=6 \\ x-y=2 \end{cases}$ 　　　(2) $\begin{cases} 3x+2y=9 \\ x-2y=-13 \end{cases}$

(3) $\begin{cases} 7x+4y=5 \\ 3x+2y=3 \end{cases}$ 　　　(4) $\begin{cases} x+6y=-10 \\ 4x-5y=18 \end{cases}$

(5) $\begin{cases} 3x-2y=2 \\ 8x-3y=17 \end{cases}$ 　　　(6) $\begin{cases} 2x+6y=-3 \\ 5x-8y=-19 \end{cases}$

得点UP

2 (1) 1つの文字の係数の絶対値が等しいときは，左辺どうし，右辺どうしをそのままたしたりひいたりする。
(3) 一方の式を何倍かして係数の絶対値をそろえてから，たしたりひいたりする。

2　連立方程式

連立方程式の解き方(2)

1 次の連立方程式を，□ にあてはまる数を書いて解きなさい。　　(20点×2)

(1) $\begin{cases} y = x - 5 & \cdots\cdots① \\ 5x + 2y = 4 & \cdots\cdots② \end{cases}$

①を②に代入すると，$5x + \boxed{}\left(x - \boxed{}\right) = 4$，$x = \boxed{}$

$x = \boxed{}$ を①に代入して，$y = \boxed{} - 5 = \boxed{}$

(2) $\begin{cases} 3x - 7y = -8 & \cdots\cdots① \\ x = 2y - 3 & \cdots\cdots② \end{cases}$

②を①に代入すると，$3(2y - 3) - \boxed{}y = \boxed{}$，$y = \boxed{}$

$y = \boxed{}$ を②に代入して，$x = 2 \times \left(\boxed{}\right) - 3 = \boxed{}$

2 次の連立方程式を，代入法で解きなさい。　　(10点×6)

(1) $\begin{cases} y = x + 1 \\ 2x + y = 10 \end{cases}$

(2) $\begin{cases} x = y - 6 \\ 3x + 2y = 2 \end{cases}$

(3) $\begin{cases} x + 4y = -9 \\ y = 3x + 1 \end{cases}$

(4) $\begin{cases} 4x - 9y = 29 \\ x = 4 - y \end{cases}$

(5) $\begin{cases} 2y = x - 4 \\ 7x - 2y = 40 \end{cases}$

(6) $\begin{cases} y = 3x + 6 \\ y = 2 - 9x \end{cases}$

得点UP

1 一方の式が $y = \sim$，$x = \sim$ の形のときは，その式をもう一方の式に代入して，1つの文字を消去する。

2 (5) $2y$ を1つの文字とみて，そのまま代入して y を消去する。

月　　　日

2　連立方程式

連立方程式の解き方(3)

点

合格点：**75** 点／100 点

1 次の連立方程式を解きなさい。 (10点×4)

(1) $\begin{cases} x+y=8 \\ 3(x-y)=x+1 \end{cases}$

(2) $\begin{cases} 3x-2y=13 \\ 4(x-5)=3y \end{cases}$

(3) $\begin{cases} 2(3x+y)=4x+y \\ 7x+2y=-6 \end{cases}$

(4) $\begin{cases} 7x-4y=5(x-2y) \\ 3x+8y=2 \end{cases}$

2 次の連立方程式を解きなさい。 (15点×4)

(1) $\begin{cases} y=x-5 \\ \dfrac{x}{2}+\dfrac{y}{3}=5 \end{cases}$

(2) $\begin{cases} 2x+3y=-7 \\ \dfrac{1}{4}x-\dfrac{y-1}{2}=4 \end{cases}$

(3) $\begin{cases} 0.4x+0.9y=1.7 \\ 6x-7y=5 \end{cases}$

(4) $\begin{cases} x-0.5y=1 \\ \dfrac{x}{4}-\dfrac{y}{3}=\dfrac{3}{2} \end{cases}$

得点UP

2 (1)係数が分数のときは，**両辺に分母の最小公倍数をかけて**，係数を整数に直して解く。
　 (3)係数が小数のときは，**両辺を10倍，100倍などして**，係数を整数に直して解く。

START　　GOAL

連立方程式の利用⑴

1 次の問いに答えなさい。 (25点×2)

(1)　連立方程式 $\begin{cases} ax+by=11 \\ ax-by=5 \end{cases}$ の解が，$x=4$，$y=1$ であるとき，a，b の値を求めなさい。

(2)　連立方程式 $\begin{cases} ax-y=b \\ bx+2ay=17 \end{cases}$ の解が，$x=3$，$y=-5$ であるとき，a，b の値を求めなさい。

2 次の問いに答えなさい。 (25点×2)

(1)　次の2つの連立方程式が同じ解をもつとき，a，b の値を求めなさい。

$$\begin{cases} 5x-y=15 \\ 4x-3y=23 \end{cases} \qquad \begin{cases} ax-by=-1 \\ ax+by=29 \end{cases}$$

(2)　次の2つの連立方程式が同じ解をもつとき，a，b の値を求めなさい。

$$\begin{cases} 3y=2(x+7) \\ ax+by=-16 \end{cases} \qquad \begin{cases} bx-ay=2 \\ 2x-5y=-18 \end{cases}$$

得点UP

1 ⑴連立方程式の解の x，y の値をそれぞれの方程式に代入して，a，b についての連立方程式をつくる。

2 ⑵$3y=2(x+7)$ と $2x-5y=-18$ は同じ解をもつことから，この2つの方程式を連立方程式とみて解く。

2 連立方程式

連立方程式の利用(2)

1 1枚50円のシールと1枚80円の色紙を合わせて20枚買ったら，代金の合計は1180円であった。次の問いに答えなさい。 (20点×2)

(1) シールを x 枚，色紙を y 枚として，連立方程式をつくりなさい。

(2) シールと色紙をそれぞれ何枚買いましたか。

2 2けたの自然数がある。この自然数の十の位の数は一の位の数の2倍より1大きく，十の位の数と一の位の数を入れかえてできる自然数は，もとの自然数より36小さくなる。次の問いに答えなさい。 (20点×2)

(1) もとの自然数の十の位の数を x，一の位の数を y として，連立方程式をつくりなさい。

(2) もとの自然数を求めなさい。

3 ある音楽会の入場料は，おとな2人と中学生3人では6600円，おとな3人と中学生8人では14100円になる。おとな1人，中学生1人の入場料は，それぞれいくらですか。 (20点)

得点UP

1 (1)枚数の合計と代金の合計から，2つの方程式をつくる。

2 (1)もとの2けたの自然数は $10x+y$，位の数を入れかえてできる自然数は $10y+x$ と表せる。

連立方程式の利用(3)

月　　　日

点

合格点：**70** 点／100点

---

1 自動車で，A 町から150km離れた B 町に行った。はじめに高速道路を時速80kmで走り，途中から一般道路を時速40kmで走り，全体で 2 時間30分かかった。高速道路と一般道路を，それぞれ何km走りましたか。　　(30点)

---

2 ある中学校の昨年度の入学者数は200人であった。今年度の入学者数は昨年度と比べて，男子が 4 ％減り，女子が12％増えて，全体では 2 ％増えた。次の問いに答えなさい。　　(20点×2)

(1)　昨年度の男子の入学者数を x 人，女子の入学者数を y 人として，連立方程式をつくりなさい。

(2)　今年度の男子と女子の入学者数は，それぞれ何人ですか。

---

3 ある商店では，2 種類の商品A，B を，A は 1 個につき500円，B は 1 個につき400円で仕入れ，仕入れ値の合計は52000円であった。そして，A は仕入れ値の 2 割増し，B は仕入れ値の 3 割増しの定価をつけて売った。その結果，A はすべて売れたが，B は 5 個売れ残り，利益は11000円であった。商品A，B を仕入れた個数は，それぞれ何個ですか。　　(30点)

得点UP

2 まず，昨年度の男子と女子の入学者数を求めてから，それをもとにして今年度の男子と女子の入学者数を求める。

3 売上額は，500×1.2×(A の仕入れた個数)＋400×1.3×｛(B の仕入れた個数)−5｝

2 連立方程式

まとめテスト②

1 次の連立方程式を解きなさい。 (10点×6)

(1) $\begin{cases} x+9y=14 \\ 4x-5y=-26 \end{cases}$

(2) $\begin{cases} y=2x-7 \\ 2x+7y=-1 \end{cases}$

(3) $\begin{cases} 8x-3y=7 \\ 5x-4y=15 \end{cases}$

(4) $\begin{cases} 3(2x-y)=4y-9 \\ -3x+5y=9 \end{cases}$

(5) $\begin{cases} 2x-y=3 \\ \dfrac{x+1}{2}+\dfrac{y-4}{3}=4 \end{cases}$

(6) $\begin{cases} 0.3x-1.4y=10 \\ \dfrac{2}{5}x-\dfrac{y-1}{2}=7 \end{cases}$

2 連立方程式 $\begin{cases} ax+by=2 \\ 3ax-2by=36 \end{cases}$ の解が，$x=-2$，$y=6$ であるとき，a，b の値を求めなさい。

(20点)

3 16km離れた A 町と B 町の間をバスが往復している。P さんは，自転車で午前 9 時に A 町を出発して B 町に向かった。途中，午前 9 時20分に，午前 9 時 B 町発 A 町行きのバスと出合い，午前 9 時45分に，午前 9 時30分 A 町発 B 町行きのバスに追い越された。次の問いに答えなさい。ただし，バスの速さも自転車の速さも一定であるものとする。

(10点×2)

(1) 自転車の速さを時速 x km，バスの速さを時速 y kmとして，連立方程式をつくりなさい。

(2) 自転車の速さとバスの速さは，それぞれ時速何kmですか。

3 1次関数

1次関数

1 次の数量の関係について，y を x の式で表しなさい。また，y が x の1次関数であるものをすべて選び，番号で答えなさい。 (10点×5)

(1) 1本60円の鉛筆を x 本と150円のノートを1冊買ったときの代金を y 円とする。

(2) 8 kmの道のりを，時速 x kmで走ったときにかかる時間を y 時間とする。

(3) 縦の長さが x cmで，周の長さが10cmの長方形の横の長さを y cmとする。

(4) 半径が x cmの円の面積を y cm² とする。

2 水そうに60cmの深さまで水が入っている。この水そうの排水口を開くと，1分間に3 cmの割合で水面が低くなっていく。排水口を開いてから x 分後の水そうの底から水面までの高さを y cmとするとき，次の問いに答えなさい。

(10点×3)

(1) 下の表のあいているところにあてはまる数を書いて，表を完成させなさい。

x	0	1	2	3	4	5	6
y	60						

(2) y を x の式で表しなさい。

(3) 水そうの水がなくなるまで排水するとき，x の変域を求めなさい。

3 1次関数 $y = 4x - 9$ について，次の問いに答えなさい。 (10点×2)

(1) 変化の割合を求めなさい。

(2) x の増加量が7のときの y の増加量を求めなさい。

得点UP

2 (3)水そうの水がなくなるまでにかかる時間が，x の値の最大値である。

3 (2)(y の増加量)＝(変化の割合)×(x の増加量)

1次関数のグラフ(1)

合格点：80点／100点

1 次の1次関数について，グラフの傾きと切片を答えなさい。 (5点×8)

(1) $y = x - 4$

(2) $y = -5x + 3$

(3) $y = -\dfrac{x}{2}$

(4) $y = \dfrac{3}{4}x - 7$

2 1次関数 $y = -3x + 6$ のグラフについて，次の問いに答えなさい。 (5点×6)

(1) 傾きと切片を答えなさい。

(2) x軸，y軸との交点の座標をそれぞれ求めなさい。

(3) 次の点のうちで，グラフ上にあるものをすべて選び，記号で答えなさい。

　⑦ $(3, -3)$　　④ $(4, 6)$　　⑦ $(-1, 3)$　　⑦ $(-6, 24)$

(4) xの変域が $-1 \leqq x \leqq 3$ のときの y の変域を求めなさい。

3 1次関数 $y = \dfrac{1}{3}x + 2$ のグラフについて，□にあてはまる数を書きなさい。

((1)(2)4点×5，(3)10点)

(1) 切片は □ だから，y軸上の点 $\left(0, \ \boxed{}\right)$ を通る。

(2) 傾きは □ だから，グラフと y軸との交点から，たとえば，右へ3，上へ □ だけ進んだ点 $\left(3, \ \boxed{}\right)$ を通る。

(3) (1)，(2)から，グラフをかきなさい。

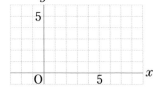

得点UP

2 (2)x軸上の点の y 座標は0，y軸上の点の x 座標は0である。

3 (3)1次関数のグラフは直線だから，**グラフが通る2点が決まれば**，グラフをかくことができる。

1次関数のグラフ⑵

1 次の問いに答えなさい。

(10点×5)

(1)　関数 $y=\dfrac{1}{2}x$ のグラフをかきなさい。

(2)　(1)でかいたグラフを利用して，次の1次関数のグラフをかきなさい。

  ①　$y=\dfrac{1}{2}x+4$

  ②　$y=\dfrac{1}{2}x-3$

(3)　(2)でかいた①，②のグラフは，関数 $y=\dfrac{1}{2}x$ のグラフをどのように移動したものですか。

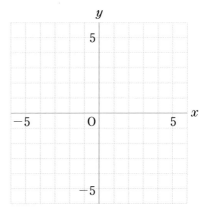

2 次の1次関数のグラフをかきなさい。

(10点×5)

(1)　$y=x+2$

(2)　$y=2x-6$

(3)　$y=-3x+5$

(4)　$y=\dfrac{1}{4}x+3$

(5)　$y=-\dfrac{3}{2}x-4$

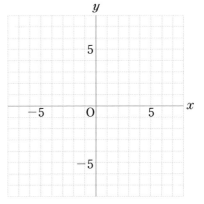

得点UP

2 (5)グラフと y 軸との交点と，この点から，たとえば，右へ2，下へ3だけ進んだところにある点を通る。

1 次関数の式の求め方(1)

1 右の(1)〜(4)の直線は，1次関数のグラフである。
それぞれの関数の式を求めなさい。　(10点×4)

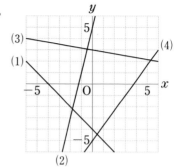

2 次の直線の式を求めなさい。
(10点×6)

(1)　傾きが3で，点(2，−1)を通る直線

(2)　傾きが$-\dfrac{1}{2}$で，点(−4，7)を通る直線

(3)　点(3，−9)を通り，直線$y=-5x-2$に平行な直線

(4)　2点(1，−5)，(3，3)を通る直線

(5)　2点(−6，2)，(9，−8)を通る直線

(6)　切片が−5で，点(8，7)を通る直線

得点UP

2 (3)平行な2直線の傾きは等しいから，求める直線の式は，$y=-5x+b$ とおける。
(6)切片が−5だから，求める直線の式は，$y=ax-5$ とおける。

1次関数の式の求め方(2)

月　　日

点

合格点：**75**点／100点

1 次の条件を満たす1次関数の式を求めなさい。　　　　　　　　(15点×4)

(1)　変化の割合が−6で，$x=2$ のとき $y=−4$ である1次関数

(2)　$x=4$ のとき $y=5$，$x=−3$ のとき $y=−9$ である1次関数

(3)　$x=8$ のとき $y=−3$ で，x の増加量が12のとき y の増加量が3である 1次関数

(4)　x と y の対応のようすが， 右の表のような1次関数

x	…	−6	…	15	…
y	…	11	…	−3	…

2 3点$(2，−4)$，$(9，3)$，$(5，a)$ が同じ直線上にあるとき，a の値を求めなさい。　　　　　　　　(20点)

3 1次関数 $y=ax+b$ において，x の変域が $−3≦x≦1$ のとき，y の変域が $−1≦y≦7$ である。$a<0$ のとき，次の問いに答えなさい。　　　　　　　(10点×2)

(1)　$x=−3$ のときの y の値を求めなさい。

(2)　a，b の値を求めなさい。

得点UP

2　2点$(2，−4)$，$(9，3)$を通る直線上に，点$(5，a)$があることから求める。

3　1次関数 $y=ax+b$ のグラフは右下がりの直線だから，x の値が大きくなるにつれて y の値は小さくなる。

3　1 次関数

1 次関数と方程式

1 次の方程式のグラフをかきなさい。(15点×4)

(1)　$x + y = 6$

(2)　$x - 3y = 9$

(3)　$3x - 2y = -8$

(4)　$3x + 4y + 20 = 0$

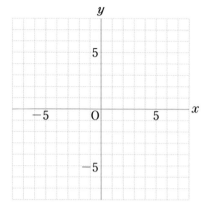

2 方程式 $2x - 5y = 10$ のグラフを，次の(1)，(2)の順でかきなさい。(10点×2)

(1)　グラフと x 軸，y 軸との交点の座標を，それぞれ求めなさい。

(2)　この方程式のグラフをかきなさい。

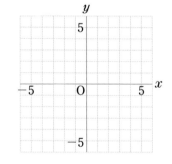

3 次の方程式のグラフをかきなさい。(10点×2)

(1)　$2x = 8$

(2)　$5y + 15 = 0$

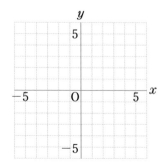

得点UP

1 与えられた方程式を y について解いて，その式から傾きと切片を読み取りグラフをかく。

3 (2)$y = k$ のグラフは，点$(0, k)$ を通り，x 軸に平行な直線になる。

3　1次関数

連立方程式とグラフ

1 次の連立方程式の解を，グラフをかいて求めなさい。
(15点×2)

(1) $\begin{cases} x+y=-5 & \cdots\cdots① \\ 2x-y=-4 & \cdots\cdots② \end{cases}$

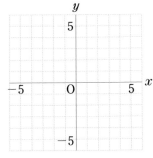

(2) $\begin{cases} x-2y+6=0 & \cdots\cdots① \\ 3x+2y+10=0 & \cdots\cdots② \end{cases}$

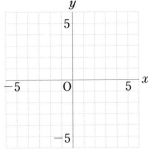

2 右の図で，2直線 ℓ, m の交点 P の座標を，次の順で求めなさい。
(10点×3)

(1)　直線 ℓ, m の式を，それぞれ求めなさい。

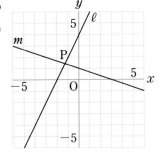

(2)　点 P の座標を求めなさい。

3 次の問いに答えなさい。
(20点×2)

(1)　直線 $y=3x-1$ と直線 $y=-x+7$ の交点を通り，傾きが -2 の直線の式を求めなさい。

(2)　3直線 $y=x+1$, $y=-2x-5$, $y=ax-2$ が1点で交わるような a の値を求めなさい。

得点UP

2 ⑵ 2直線 ℓ, m の式を連立方程式として解く。その解の x の値が x 座標，y の値が y 座標になる。

3 ⑵ 2直線 $y=x+1$, $y=-2x-5$ の交点の座標を求め，その座標の x, y の値の組を $y=ax-2$ に代入する。

1 次関数の利用

1 ある線香に火をつけると，一定の割合で燃えていく。右の表は，この線香に火をつけてから x 分後の残りの線香の長さを y cm として，x，y の関係を表したものである。次の問いに答えなさい。(20点×3)

x	0	…	4	…
y	12	…	10	…

(1)　はじめの線香の長さを求めなさい。

(2)　y を x の式で表しなさい。

(3)　火をつけてから，10分後の線香の長さを求めなさい。

2 A さんは，家から900m 離れた図書館まで，一定の速さで歩いて行った。右のグラフは，A さんが家を出発してから x 分後の家からの道のりを y m として，x，y の関係を途中まで表したものである。次の問いに答えなさい。

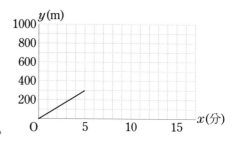

(20点×2)

(1)　y を x の式で表しなさい。

(2)　A さんが出発してから 8 分後に，兄は A さんのあとを分速150m の自転車で追いかけた。兄が A さんに追いつくのは，A さんが出発してから何分何秒後ですか。

得点UP

❶　(3)(2)の式に $x=10$ を代入して求める。

❷　(2)兄の x，y の関係を表す式は，$y=150x+b$ とおける。この式に $x=8$，$y=0$ を代入して，b の値を求める。

図形と 1 次関数

1 右の図の長方形 ABCD で，点 P は A を出発して，辺上を D，C を通って B まで動く。P が A から $x$cm 動いたときの△ABP の面積を $y$cm^2 とするとき，次の問いに答えなさい。 (20点×3)

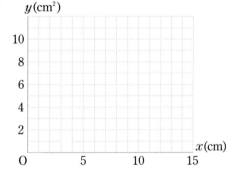

(1) 点 P が辺 AD 上を動くとき，y を x の式で表し，x の変域も書きなさい。

(2) 点 P が辺 BC 上を動くとき，y を x の式で表し，x の変域も書きなさい。

(3) x と y の関係をグラフにかきなさい。

2 右の図で，線分 AB の長さは12cm である。点 P，Q は，それぞれ同時に A，B を出発して，P は毎秒 1 cm，Q は毎秒 2 cm の速さで矢印の方向に

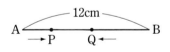

進む。そして，P は B，Q は A に着いたら，そこで止まるものとする。出発してから x 秒後の線分 PQ の長さを $y$cm とするとき，次の問いに答えなさい。 (20点×2)

(1) 点 P，Q が出合うのは出発してから何秒後ですか。

(2) y を x の式で表し，x の変域も書きなさい。

得点UP

1 (3)点 P が辺 DC 上にあるとき，△ABP の面積は一定だから，**グラフは x 軸に平行な直線になる。**

2 (2)2 点 P，Q の位置関係によって，x の変域を 3 つに場合分けして，それぞれについて y を x の式で表す。

まとめテスト③

1 次の直線の式を求めなさい。 (10点×2)

(1) 2点$(3, -1)$, $(-9, -5)$を通る直線

(2) 点$(2, -13)$を通り, 直線$y = -4x + 3$に平行な直線

2 次の1次関数のグラフをかきなさい。 (15点×2)

(1) $y = -\dfrac{2}{3}x + 2$

(2) $y = 2x - 2$

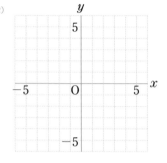

3 右の図で, 直線ℓは, 方程式$4x - 3y = 18$のグラフ, 直線mは, 方程式$x + y = -2$のグラフである。次の問いに答えなさい。 (10点×3)

(1) 直線ℓとx軸, y軸との交点の座標を, それぞれ求めなさい。

(2) 2直線ℓ, mの交点Pの座標を求めなさい。

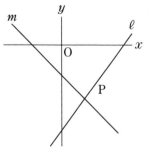

4 あるばねにおもりをつるすと, ばね全体の長さは, おもりの重さの1次関数になった。20gのおもりをつるしたときのばねの長さは12cm, 30gのおもりをつるしたときのばねの長さは14cmのとき, 次の問いに答えなさい。 (10点×2)

(1) おもりをつるしていないときのばねの長さを求めなさい。

(2) 100gのおもりをつるしたときのばねの長さを求めなさい。

平行線と角

1 次の図で，∠x，∠y の大きさを求めなさい。 (5点×4)

(1)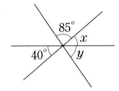

(2)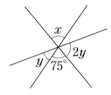

2 右の図で，次の角を記号を使って答えなさい。 (5点×4)

(1) ∠a の同位角　　　(2) ∠g の同位角

(3) ∠b の錯角　　　(4) ∠e の錯角

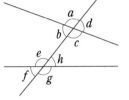

3 次の図で，ℓ // m のとき，∠x，∠y の大きさを求めなさい。 (10点×6)

(1)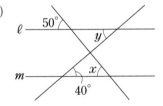

(2)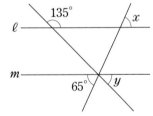

(3)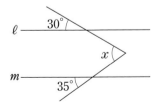

(4)

得点UP
3 ⑴∠x は同位角が等しいことを，∠y は錯角が等しいことを利用する。
⑶∠x の頂点を通り，直線 ℓ に平行な直線をひいて考える。

三角形の内角と外角

1 次の図で，∠x の大きさを求めなさい。 (15点×4)

(1)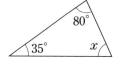

(2)

(3)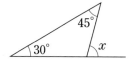

(4)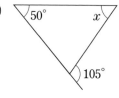

2 右の図で，ℓ // m のとき，∠x の大きさを求めな
さい。 (20点)

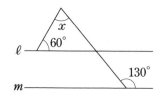

3 右の図で，∠x の大きさを求めなさい。 (20点)

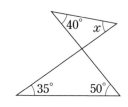

得点UP

2 平行線と角の関係と，三角形の内角と外角の関係を利用する。

3 2つの三角形の1つの外角が共通であることから，40°＋∠x＝35°＋50°

4　平行と合同

多角形の内角と外角

月　　日

点

合格点：80点／100点

1 次の図で，∠x の大きさを求めなさい。 (10点×2)

(1)

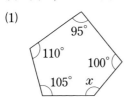

(2)

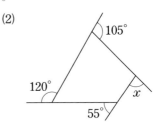

2 次の問いに答えなさい。 (15点×4)

(1) 六角形の内角の和を求めなさい。

(2) 正八角形の1つの内角の大きさを求めなさい。

(3) 正十二角形の1つの外角の大きさを求めなさい。

(4) 内角の和が1260°の多角形は何角形か答えなさい。

3 右の図で，∠x の大きさを求めなさい。 (20点)

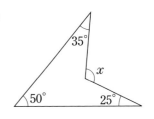

得点UP

2 (4)求める多角形を n 角形とすると，$180° \times (n-2) = 1260°$

3 50°の角の頂点と∠x の頂点を通る直線をひいて，三角形の内角と外角の関係を利用する。

4　平行と合同

合同な図形と三角形の合同条件

1 下の図で，四角形 ABCD≡四角形EFGH である。次の問いに答えなさい。

(10点×4)

(1)　辺 AD に対応する辺を答え
なさい。

(2)　辺 GH の長さを求めなさい。

(3)　∠B に対応する角を答えなさい。

(4)　∠H の大きさを求めなさい。

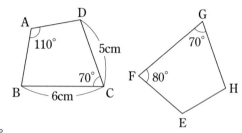

2 次の図で，合同な三角形の組を 3 組選び，記号≡を使って表しなさい。また，
そのときに使った合同条件を答えなさい。

(20点×3)

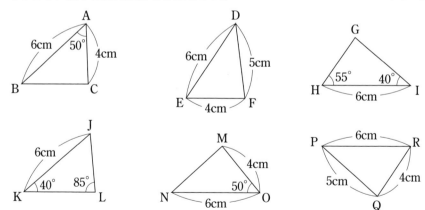

得点UP

❶ 合同な図形では，対応する線分の長さは等しく，対応する角の大きさは等しい。

❷ 合同な図形を表す記号≡を使って，対応する頂点を周にそって同じ順に書く。

月　　日

点

合格点：80 点／100 点

証明とそのしくみ

1 次のことがらについて，仮定(かてい)と結論(けつろん)を答えなさい。（10点×4）

(1)　$A=B$ ならば，$AC=BC$ である。

(2)　x が 6 の約数ならば，x は12の約数である。

(3)　$\ell /\!/ m$，$\ell \perp n$ ならば，$m \perp n$ である。

(4)　△ABC で，∠A＋∠B＝80°ならば，△ABC は鈍角三角形である。

2 右の図で，$\ell /\!/ m$，AE＝DE ならば，AB＝CD である。次の問いに答えなさい。（20点×3）

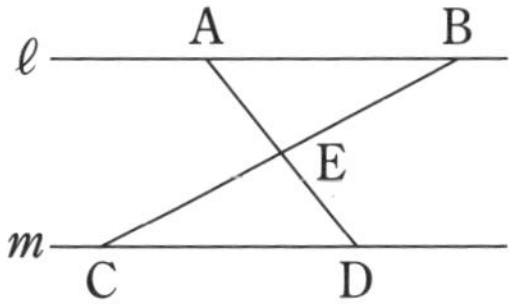

(1)　仮定と結論を答えなさい。

(2)　このことを証明するために，どの三角形とどの三角形が合同であることを証明すればよいですか。

(3)　(2)を証明するために利用する図形の基本性質を，下の㋐～㋓からすべて選び，記号で答えなさい。

㋐　対頂角は等しい。　　㋑　合同な図形の対応する角は等しい。

㋒　平行線の同位角は等しい。　　㋓　平行線の錯角は等しい。

得点UP

1「○○○ならば，□□□である」ということがらについて，○○○の部分を仮定，□□□の部分を結論という。

2 (3)AE＝DE のほかに，どの辺またはどの角が等しいことを導けばよいかを考える。

START　GOAL

三角形の合同条件と証明(1)

1 右の図のように，線分 AB と CD が点 O で交わっている。OA＝OB，OC＝OD ならば，AC∥DB であることを証明する。□ にはあてはまる記号を，（ ）には三角形の合同条件を書きなさい。　(10点×5)

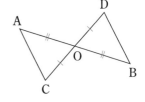

［証明］ △OAC と△OBD において，

仮定から，OA＝OB ……①

OC＝□ ……②

対頂角は等しいから，∠AOC＝∠□ ……③

①，②，③より，（　　　　　　　　　　　　　　）がそれぞれ等しいから，

△□ ≡△OBD

合同な図形の対応する角は等しいから，

∠OAC＝∠□

したがって，錯角が等しいから，AC∥DB

2 右の図のように，円 A と円 B が 2 点 C，D で交わっている。点 A と B，C，D をそれぞれ結ぶとき，線分 AB は∠CAD の二等分線であることを証明しなさい。　(50点)

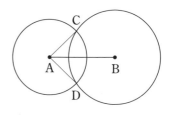

［証明］

三角形の合同条件と証明(2)

1 右の図で，四角形 ABCD，四角形 ECFG はどちらも正方形である。点 B と E，点 D と F をそれぞれ結ぶとき，△EBC≡△FDC であることを証明する。□ にはあてはまる記号や数を，（　）には三角形の合同条件を書きなさい。 (10点×5)

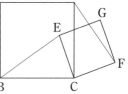

［証明］ △EBC と△FDC において，

　正方形の4つの辺の長さは等しいから，BC＝ □ ……①

　　　　　　　　　　　　　　　　　　□ ＝FC ……②

　∠ECB＝ □ °－∠ECD ……③

　∠FCD＝90°－∠ □ ……④

　③，④から，∠ECB＝∠FCD ……⑤

　①，②，⑤より，(　　　　　　　　　　　　)がそれぞれ等しいから，

　　△EBC≡△FDC

2 右の図で，四角形 ABCD は AD∥BC の台形である。辺 DC の中点を M とし，直線 AM と辺 BC の延長との交点を E とする。このとき，AD＝EC であることを証明しなさい。 (50点)

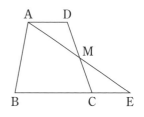

［証明］

得点UP

1 正方形の1つの内角の大きさは90°であることを利用して，∠ECB＝∠FCD を導く。

2 辺 AD，辺 EC をそれぞれふくむ△AMD と△EMC の合同を証明する。

まとめテスト④

1 次の図で，ℓ∥m のとき，∠x，∠y の大きさを求めなさい。 (10点×4)

(1)
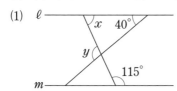

(2)
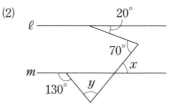

2 次の問いに答えなさい。 (10点×2)

(1)　正九角形の１つの内角の大きさを求めなさい。

(2)　１つの外角の大きさが24°の正多角形は正何角形ですか。

3 右の図のように，線分 AB 上に点 C をとり，線分 AC を１辺とする正三角形 DAC と，線分 CB を１辺とする正三角形 ECB をつくる。AE，DB の交点を F とするとき，次の問いに答えなさい。 (20点×2)

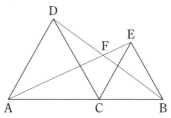

(1)　△ACE≡△DCB であることを証明しなさい。

[証明]

(2)　∠DFA の大きさを求めなさい。

二等辺三角形の性質

月　　日

点

合格点：**80** 点／100 点

1 次の図で，同じ印をつけた辺は等しいとして，∠x，∠y の大きさを求めなさい。

(1)　　　　　　　　　　　　　　(2)　　　　　　　　　　　　(10点×4)

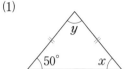　　　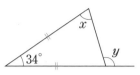

2 右の図で，AB＝AC，BC＝BD のとき，∠x，∠y の大きさを求めなさい。　　　　　　　　(10点×2)

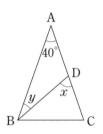

3 AB＝AC である二等辺三角形 ABC で，∠BAC の二等分線と辺 BC の交点を D とする。このとき，BD＝CD，AD⊥BC であることを証明する。□ にはあてはまる記号や数を，（　）には三角形の合同条件を書きなさい。　　　(8点×5)

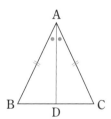

［証明］△ABD と△ACD において，

仮定から，AB＝□ 　……①

∠□ ＝∠CAD 　……②

□ は共通 　……③

①，②，③より，（　　　　　　　　　　）がそれぞれ等しいから，

△ABD≡△ACD

したがって，BD＝CD

∠ADB＋∠ADC＝180° だから，∠ADB＝∠ADC＝□ °で，AD⊥BC

得点UP

2 AB＝AC から∠ABC＝∠ACB，BC＝BD から∠BCD＝∠BDC

3 この証明から，定理「二等辺三角形の頂角の二等分線は，底辺を垂直に 2 等分する」が導ける。

5 図形の性質

二等辺三角形になる条件

月　　日

点

合格点：80点／100点

1 右の図のように，AB＝AC である二等辺三角形 ABC の辺 AC 上に点 D をとる。点 D を通り，辺 AB に平行な直線と辺 BC との交点を E とする。辺 BC の延長上に BE＝CF となる点 F をとり，D と F を結ぶとき，次の問いに答えなさい。 ((1) 5点×4，(2)50点)

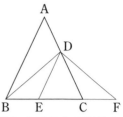

(1) △DEC が二等辺三角形になることを証明する。□ にあてはまる記号や数を書きなさい。

[証明] AB＝AC だから，∠ABC＝∠□ ……①

AB∥DE で，同位角は等しいから，∠ABC＝∠□ ……②

①，②から，∠DEC＝∠□

したがって，□ つの角が等しいので，△DEC は二等辺三角形である。

(2) △DBF が二等辺三角形になることを証明しなさい。

[証明]

2 次のことがらの逆を答えなさい。また，それが正しいか，正しくないかを答えなさい。 (5点×6)

(1) a が偶数，b が偶数ならば，ab は偶数である。

(2) 2直線に1つの直線が交わるとき，2直線が平行ならば，錯角は等しい。

(3) △ABC≡△DEF ならば，∠A＝∠D，∠B＝∠E，∠C＝∠F である。

得点UP

1 (2)△DBE≡△DFC であることを証明して，DB＝DF，または，∠DBE＝∠DFC を導く。
2 正しくないことを示すには，正しくない具体例を1つ示せばよい。

月　日

直角三角形の合同

点

合格点：**70** 点／100 点

1 次の図で，合同な三角形の組を2組選び，記号で答えなさい。また，そのときに使った合同条件を答えなさい。 (20点×2)

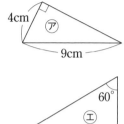
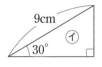
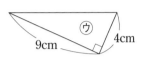
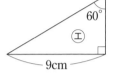
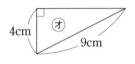
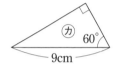

2 右の図で，四角形 ABCD は正方形，△AEF は AE＝AF の二等辺三角形である。
このとき，BE＝DF であることを証明しなさい。 (30点)

[証明]

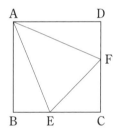

3 AB＝AC である二等辺三角形 ABC の頂点B，Cからそれぞれの対辺 AC，AB に垂線をひき，AC，AB との交点を D，E とする。BD と CE との交点をP とするとき，△PBC は二等辺三角形であることを証明しなさい。 (30点)

[証明]

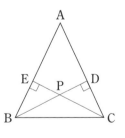

得点UP

2 正方形の4つの辺はすべて等しいことと，4つの角はすべて90°であることを利用する。

3 △EBC≡△DCB であることを証明して，∠ECB＝∠DBC を導く。

No. 40

5　図形の性質

平行四辺形の性質

月　　日

点

合格点：80点／100点

---

1 次の平行四辺形 ABCD で，x，y の値をそれぞれ求めなさい。 (10点×4)

(1)

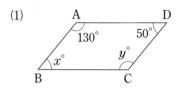

(2)

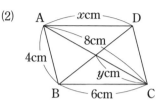

---

2 右の図の平行四辺形 ABCD で，辺 BC の延長上に AE＝BE となる点 E をとり，AE と辺 DC との交点を F とする。∠D＝70°であるとき，∠x，∠y の大きさを求めなさい。 (10点×2)

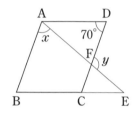

---

3 右の図のように，平行四辺形 ABCD の対角線 AC と BD の交点を O とする。BD 上に点 E をとり，A と E を結ぶ。点 C を通り，AE に平行な直線と BD との交点を F とするとき，次の問いに答えなさい。 (20点×2)

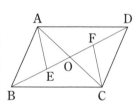

(1) △AEO≡△CFO であることを証明しなさい。

[証明]

(2) (1)を利用して，△ABE≡△CDF であることを証明しなさい。

[証明]

得点UP

2 AE＝BE から∠x＝∠B，∠y は，△FCE の頂点 F における外角であることを利用する。

3 平行四辺形の対角線はそれぞれの中点で交わることから，2つの三角形の辺の長さが等しいことがいえる。

START ○—————○—————○—————○—————○—————○ GOAL

平行四辺形になる条件

1 四角形 ABCD の対角線 AC と BD の交点を O とする。この四角形について，次のような条件があるとき，つねに平行四辺形になるものには○を，そうとはかぎらないものには×を書きなさい。 (10点×4)

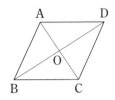

(1)　AD // BC，AB＝DC

(2)　OA＝OC，OB＝OD

(3)　OA＝OC，AC⊥BD

(4)　∠ADB＝∠CBD，∠ABD＝∠CDB

2 右の図のように，平行四辺形 ABCD で，辺 AD，BC 上に DE＝BF となるような点 E, F をとる。点 A と F，点 C と E をそれぞれ結ぶとき，四角形 AFCE は平行四辺形になることを証明しなさい。

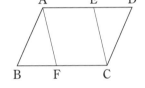

[証明]　　　　　　　　　　　　　　　　(30点)

3 右の図のように，平行四辺形 ABCD で，対角線 AC と BD の交点を O とする。O を通る直線をひき，辺 AD，BC との交点をそれぞれ E, F とする。このとき，四角形 AFCE は平行四辺形であることを証明しなさい。 (30点)

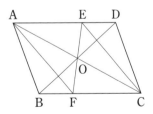

[証明]

得点UP

2　1組の対辺が平行でその長さが等しいことを証明する。

3　△AOE と △COF が合同であることを証明して，OE＝OF を導く。

特別な平行四辺形

1 右の図の四角形 ABCD は正方形である。∠AEG＝52°，∠EGC＝80°であるとき，∠x，∠y の大きさを求めなさい。 (10点×2)

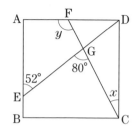

2 右の図の四角形 ABCD はひし形で，AD＝AE である。∠DAE＝32°のとき，∠x，∠y の大きさを求めなさい。 (15点×2)

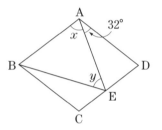

3 右の図は，長方形 ABCD を対角線 AC で折り，点 B が移った点を B′ としたものである。B′C と AD の交点を E とするとき，△EAC は二等辺三角形であることを証明しなさい。 (20点)

[証明]

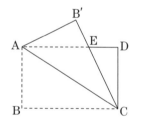

4 右の図で，四角形 ABCD はひし形，△DEF は正三角形で，AD∥EF である。A と E，C と F を結んだとき，AE＝CF となることを証明しなさい。 (30点)

[証明]

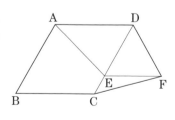

得点UP

2 ひし形の 4 つの辺の長さは等しい。ひし形は平行四辺形の特別な場合だから，**平行四辺形の性質**も使える。

4 ひし形や正三角形の性質を利用して，AE，CF をそれぞれ辺にもつ△DAE と△DCF の合同をいえばよい。

5　図形の性質

平行線と面積

1 右の図で，$\ell \mathbin{/\mkern-5mu/} m$ のとき，次の三角形と面積が等しい三角形を答えなさい。 (10点×3)

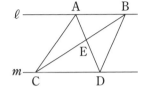

(1)　△ACD

(2)　△ADB

(3)　△ACE

2 右の図の平行四辺形 ABCD で，辺 AB の中点を M とし，M と C，D をそれぞれ結ぶ。MD と対角線 AC との交点を E とするとき，次の問いに答えなさい。 (20点×2)

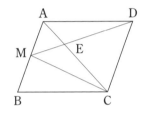

(1)　△AMD と面積が等しい三角形を 2 つ書きなさい。

(2)　△AMD の面積が 6 cm^2 のとき，平行四辺形 ABCD の面積を求めなさい。

3 右の図は，四角形 ABCD と面積の等しい△ABE のかき方を示したものである。このかき方を，□ にあてはまる記号を書いて説明しなさい。 (10点×3)

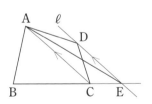

[説明]

① 対角線 AC をかく。

② 頂点 □ を通り，□ に平行な直線 ℓ をかく。

③ 辺 BC を延長し，直線 □ との交点を □ とする。

④ 2 点 □ ，□ を通る直線をかく。

まとめテスト⑤

1 右の四角形 ABCD は平行四辺形である。次の角
の大きさを求めなさい。　　　　　　　（15点×2）

(1)　∠CAD

(2)　∠CDE

2 右の図のように，平行四辺形 ABCD で，∠BAD の二
等分線と辺 BC との交点を E，DC の延長との交点を F
とする。このとき，次の問いに答えなさい。　（20点×2）

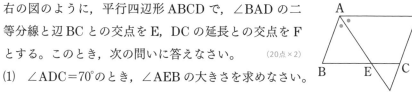

(1)　∠ADC＝70°のとき，∠AEB の大きさを求めなさい。

(2)　△CEF は二等辺三角形であることを証明しなさい。

　　［証明］

3 AB＝BC，∠ABC＝90°の直角二等辺三角形 ABC があ
る。右の図のように，頂点 B を通る直線ℓに，A，C か
らそれぞれ垂線 AD，CE をひくとき，BD＝CE である
ことを証明しなさい。　　　　　　　　　　　（30点）

［証明］

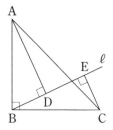

確率(1)

1 右の表は，1つのさいころをくり返し投げて，6の目が出た回数とその割合を記録したものである。次の問いに答えなさい。

((1) 5点×4，(2)15点)

(1) ⑦～⑤にあてはまる数を，四捨五入して，小数第2位まで求めなさい。

(2) 6の目が出る確率は，およそいくつと考えられますか。

投げた回数	6の目が出た回数	6の目が出る割合
50	6	0.12
100	14	⑦
200	29	⑦
300	47	⑦
500	83	⑤

2 黒玉2個，白玉4個，青玉3個が入っている箱から玉を1個取り出すとき，次の問いに答えなさい。

((1) 5点×3，(2)10点×2)

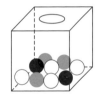

(1) 黒玉が出る確率を求める。□にあてはまる数を書きなさい。

① 玉の取り出し方は，全部で [　　] 通りある。

　　ただし，どの玉の取り出し方も同様に確からしいものとする。

② 黒玉が出る場合は，[　　] 通りある。

③ したがって，黒玉が出る確率は [　　] である。

(2) 白玉が出る確率，青玉が出る確率をそれぞれ求めなさい。

3 2枚の硬貨を同時に投げるとき，次の確率を求めなさい。

(15点×2)

(1) 2枚とも表が出る確率　 (2) 1枚が表，1枚が裏の出る確率

得点UP

1 1から6のどの目が出ることも同じ程度に期待できる。これを，各場合で起こることは**同様に確からしい**という。

3 (2)2枚の硬貨をA，Bとすると，Aが表，Bが裏とAが裏，Bが表の場合がある。

月　日

点

確率(2)

合格点：80 点／100 点

1 2つのさいころ A，B を同時に投げるとき，出る目の確率について考える。次の □ にあてはまる数を書きなさい。 (20点×2)

(1) A の目の出方は 6 通り，B の目の出方は □ 通りあるから，2 つのさいころの目の出方は，全部で，6× □ ＝ □ （通り）

(2) 同じ目が出る場合の数は □ 通りだから，同じ目が出る確率は □

2 2つのさいころ A，B を同時に投げるとき，次の問いに答えなさい。 (10点×6)

(1) さいころ A，B の出る目の数の和を表にまとめる。右の表のあいているところに，あてはまる数を書いて，表を完成させなさい。

A\B	1	2	3	4	5	6
1						
2						
3						
4						
5						
6						

(2) 出る目の数の和が 8 になる確率を求めなさい。

(3) 出る目の数の和が 5 以下になる確率を求めなさい。

(4) さいころ A，B の出る目の数の積を表にまとめる。右の表のあいているところに，あてはまる数を書いて，表を完成させなさい。

A\B	1	2	3	4	5	6
1	1	2	3	4	5	6
2	2					
3	3					
4	4					
5	5					
6	6					

(5) 出る目の数の積が 12 になる確率を求めなさい。

(6) 出る目の数の積が 20 以上になる確率を求めなさい。

得点 UP

2 (3)表から，和が 2，3，4，5 になる目の出方の場合の数を求める。
(6)積が 20 以上になるのは，積が 20，24，25，30，36 の場合である。

START ○　　　　○　　　　○　　　　○　　　　○　　　　○　　　　　　　　○　　　　GOAL

6 確率

確率(3)

1 5本のうち，あたりが3本入っているくじがある。このくじを同時に2本ひくとき，次の □ にあてはまる数を書きなさい。 ((1)10点, (2)(3)5点×4)

(1) 2本のくじのひき方は全部で □ 通り。

(2) 2本ともあたりくじをひく場合の数は □ 通りだから，2本ともあたる確率は □

(3) 1本だけあたりくじをひく場合の数は □ 通りだから，1本だけあたる確率は □

2 右のような1から5までの数字が1つずつ書かれた5枚のカードがある。これらのカードをよくきって，同時に2枚取り出すとき，次の確率を求めなさい。 (15点×2)

| 1 | 2 | 3 | 4 | 5 |

(1) 2枚のカードの数の和が偶数になる確率

(2) 2枚のカードの数の積が偶数になる確率

3 袋の中に，白玉が3個，赤玉が3個入っている。この袋の中から，同時に2個の玉を取り出すとき，次の確率を求めなさい。 (20点×2)

(1) 取り出した2個の玉の色が異なる確率

(2) 取り出した2個の玉の色が同じ確率

得点UP
2 (2)取り出した2枚のカードの中に1枚でも偶数があれば，積は偶数になる。
3 (2)2個の玉の色が同じになるのは，白と白，赤と赤の場合がある。

確率⑷

1 　1，2，3の数字が1つずつ書かれた3枚のカードがある。この3枚のカードをよくきって1枚ずつ取り出し，取り出した順に左から右に並べて3けたの整数をつくる。次の問いに答えなさい。 (14点×5)

(1)　3けたの整数は全部で何通りできますか。

(2)　できた整数が偶数になる確率を求めなさい。

(3)　できた整数が300以上になる確率を求めなさい。

(4)　できた整数が400以上になる確率を求めなさい。

(5)　できた整数が400以下になる確率を求めなさい。

2 　A，B，C，Dの4人の中から，くじびきで議長と書記をそれぞれ1人ずつ選ぶとき，次の問いに答えなさい。 (10点×3)

(1)　選び方は全部で何通りありますか。

(2)　Bが議長に選ばれる確率を求めなさい。

(3)　Cが議長に選ばれない確率を求めなさい。

得点UP

1 ⑷できた整数が400以上になることはない。　⑸できた整数のすべてがあてはまる。

2 ⑴Aが議長のとき，書記の選び方はB，C，Dの3通りあり，B，C，Dが議長のときもそれぞれ3通りある。

確率(5)

1 A，B，C，D，E の 5 人の中からくじびきで 2 人の委員を選ぶとき，次の問い
に答えなさい。
(13点×4)

(1)　選び方は全部で何通りありますか。

(2)　A が選ばれる確率を求めなさい。

(3)　A が選ばれない確率を求めなさい。

(4)　A または，B が選ばれる確率を求めなさい。

2 白玉 2 個と赤玉 3 個が入っている袋がある。この袋の中から 1 個取り出して色
を調べ，それを袋にもどしてから，また，玉を 1 個取り出すとき，次の問いに
答えなさい。
(12点×4)

(1)　玉の取り出し方は全部で何通りありますか。

(2)　取り出した玉が 2 個とも白玉である確率を求めなさい。

(3)　取り出した玉が，白玉，赤玉の順に出る確率を求めなさい。

(4)　取り出した玉が，1 個は白玉，1 個は赤玉である確率を求めなさい。

得点UP

1 (3)1−(A が選ばれる確率)を利用する。　(4)A，B を除いた C，D，E から 2 人を選ぶ場合を考えるとよい。
2 (4)(3)で求めた確率に，赤玉，白玉の順に出る確率を加えればよい。

まとめテスト⑥

1 父，母，兄，妹の4人が横一列に並んで写真をとる。このとき，次の問いに答えなさい。

(10点×2)

(1) 並び方は全部で何通りありますか。

(2) 父と母が両端にくる確率を求めなさい。

2 2つのさいころA，Bを同時に投げて，Aの出た目の数をa，Bの出た目の数をbとする。このとき，次の確率を求めなさい。

(10点×4)

(1) $a+b=7$になる確率　　　　(2) $ab=6$になる確率

(3) $a-b=1$になる確率　　　　(4) $a>b$になる確率

3 10円，50円，100円の硬貨がそれぞれ1枚ずつある。これら3枚の硬貨を同時に投げるとき，次の問いに答えなさい。

(10点×2)

(1) 3枚の硬貨の表と裏の出方は全部で何通りありますか。

(2) 表が出た硬貨の金額の合計が100円以上になる確率を求めなさい。

4 6本のうち，あたりが2本入っているくじがある。このくじを同時に2本ひくとき，少なくとも1本はあたる確率を求めなさい。

(20点)

箱ひげ図

月　　日

点

合格点：80 点／100 点

1 次のデータは，ある生徒がボウリングゲームを10回して，倒したピンの数です。
次の問いに答えなさい。

((1)(2)10点×6，(3)(4)20点×2)

7，9，10，5，8，8，6，9，8，7（本）

(1) 下の表の㋐〜㋓にあてはまる数を答えなさい。

（単位：本）

最小値	第1四分位数	第2四分位数 (中央値)	第3四分位数	最大値
㋐	㋑	㋒	㋓	㋔

(2) 四分位範囲を求めなさい。

(3) 箱ひげ図をかきなさい。

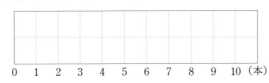

0　1　2　3　4　5　6　7　8　9　10（本）

(4) (3)の箱ひげ図に対応しているヒストグラムを下の㋐〜㋒の中から，記号で
選びなさい。

㋐
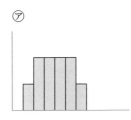

㋑
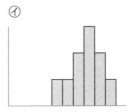

㋒
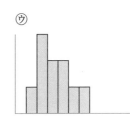

得点UP

1 (2)四分位範囲＝第3四分位数−第1四分位数

まとめテスト⑦

月　日

点

合格点: 70 点 / 100 点

1 次のデータは生徒20人の握力のデータです。次の問いに答えなさい。

((1)(2)15点×2，(3)20点)

30, 21, 25, 26, 28, 29, 18, 30, 20, 27
29, 23, 30, 25, 31, 24, 23, 18, 29, 28 (kg)

(1) 四分位数を求めなさい。

(2) 四分位範囲を求めなさい。

(3) 箱ひげ図をかきなさい。

17 18 19 20 21 22 23 24 25 26 27 28 29 30 31 32 (kg)

2 右の図は，生徒15人の英語と数学の
10点満点のテストのデータを箱ひげ
図に表したものです。 (10点×5)

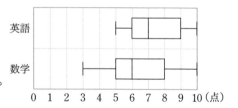

(1) 英語の得点の範囲を求めなさい。

(2) 数学の得点の中央値を求めなさい。

(3) この図から，読み取れることで，下の⑦～⑨は正しいといえるか，それぞ
れ答えなさい。

⑦ 英語の方が四分位範囲が大きい。

④ 数学の方が，散らばりの程度が大きい。

⑨ 8点以上の点をとった人は数学の方が多い。

総復習テスト①

1 次の計算をしなさい。　　　　　　　　　　　　　　　　　　　　　　　　　　　　(5点×4)

(1) $(7x-4y)+(2y-3x)$　　　　　(2) $4(a-2b)-3(2a+b)$

(3) $18ab \div \dfrac{2}{3}a$　　　　　(4) $9xy^2 \times (-2x) \div 6xy$

2 次の連立方程式を解きなさい。　　　　　　　　　　　　　　　　　　　　　　(5点×2)

(1) $\begin{cases} 5x+4y=6 \\ 2x-3y=7 \end{cases}$　　　　　(2) $\begin{cases} 9x-2y=7 \\ y=3x-4 \end{cases}$

3 右の表は，バスケットボール部の部員20人が，1人5回ずつシュートをして，シ

成功した回数	0	1	2	3	4	5
人数	0	2	3	x	y	3

ュートが成功した回数をまとめたものである。成功した回数の平均が3.2回のとき，表の中の x, y にあてはまる数をそれぞれ求めなさい。　　(10点)

4 次の方程式のグラフをかきなさい。　　　　　　　　　　　　　　　　　　　(5点×3)

(1) $2x+y=3$

(2) $3x-5y+10=0$

(3) $3y+12=0$

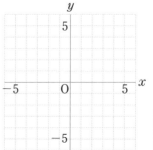

5 次の図で，AB＝BC，ℓ∥m のとき，∠x，∠y の大きさを求めなさい。 (5点×2)

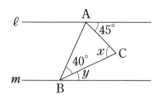

6 右の図のように，直角三角形 ABC の斜辺 AB 上に AC＝AD となる点 D をとり，D を通る辺 AB の垂線をひき，辺 BC との交点を E とし，点 A と E を結ぶ。このとき，線分 AE は∠BAC の二等分線であることを証明しなさい。 (10点)

[証明]

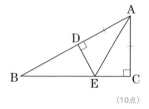

7 右の図の平行四辺形 ABCD で，∠BAD の二等分線と∠ABC の二等分線との交点を E とする。このとき，∠AEB の大きさを求めなさい。 (5点)

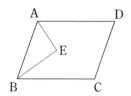

8 2 つのさいころ A，B を同時に投げるとき，次の確率を求めなさい。 (5点×2)

(1) 出る目の数の和が 4 の倍数になる確率

(2) 出る目の数の積が 6 以下になる確率

9 次のデータの四分位数を求めなさい。 (10点)

10, 15, 20, 27, 18, 15, 12, 19, 21, 14

総復習テスト②

1 次の計算をしなさい。 (5点×2)

(1) $(6a-4b)\div\dfrac{2}{3}$

(2) $\dfrac{2x-5y}{3}-\dfrac{x-3y}{2}$

2 $x=\dfrac{1}{2}$, $y=-6$ のとき，次の式の値を求めなさい。 (5点×2)

(1) $4(3x-4y)-5(2x-3y)$

(2) $4x^2y\div8xy\times(-6y)$

3 次の連立方程式を解きなさい。 (5点×2)

(1) $\begin{cases} 5x-4y=28 \\ 4(x+2y)=x-4 \end{cases}$

(2) $\begin{cases} 3x+5y=1 \\ \dfrac{x}{4}-\dfrac{y+4}{3}=-5 \end{cases}$

4 兄と弟が，1周1200m のジョギングコースを走る。2人が，同じ地点から同時に同じ方向に走り始めると，24分後に兄は1周おくれの弟に追いつき，同じ地点から同時に逆の方向に走ると，4分後に2人は出会う。兄と弟の走る速さはそれぞれ分速何 m ですか。 (10点)

5 右の図で，直線 ℓ は $y=\dfrac{1}{2}x+7$ のグラフ，直線 m は $y=-2x-3$ のグラフである。次の問いに答えなさい。 (5点×2)

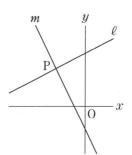

(1) 2直線 ℓ, m の交点 P の座標を求めなさい。

(2) 点 P を通り，方程式 $x+2y=1$ のグラフに平行な直線の式を求めなさい。

6 右の図で，△ABC は AB＝AC の二等辺三角形で，点 D は∠ABC の二等分線と∠ACE の二等分線との交点である。∠A＝48°のとき，∠BDC の大きさを求めなさい。 (10点)

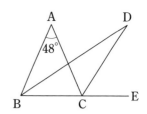

7 右の図で，ℓ∥m のとき，∠x，∠y の大きさを求めなさい。 (5点×2)

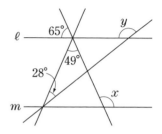

8 右の図のように，平行四辺形 ABCD の対角線の交点を O とし，BD 上に BE＝DF となるような点 E，F をとる。このとき，四角形 AECF は平行四辺形になることを証明しなさい。 (10点)

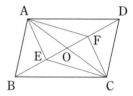

[証明]

9 次の問いに答えなさい。 (10点×2)

(1) 1枚のコインを4回投げるとき，少なくとも1回は表が出る確率を求めなさい。

(2) 袋の中に，1から6までの数字が1つずつ書かれた6個の玉が入っている。この中から同時に2個の玉を取り出すとき，2個の玉に書かれている数の積が奇数になる確率を求めなさい。

単項式と多項式

❶ (1) **単項式**　　(2) **多項式**
(3) **多項式**　　(4) **単項式**
(5) **単項式**　　(6) **多項式**

❷ (1) $3a$, $2b$

(2) $\dfrac{1}{2}x^2$, -1

(3) $10m^2$, $5n$

(4) $2x$, $6y$, -7

(5) x^2, $-4x$, 11

(6) $\dfrac{2}{3}a^2$, $-\dfrac{1}{2}a$, -9

❸ x^2 の係数…6, x の係数…$-\dfrac{3}{5}$

解説
❶ 数や文字の乗法だけでつくられた式を**単項式**といい，単項式の和の形で表された式を**多項式**という。
❷ 単項式の和の形で表す。

(4) $\underset{\text{項}}{2x}$ $+$ $\underset{\text{項}}{6y}$ $+\underset{\text{項}}{(-7)}$

式の次数

❶ (1) 1　　(2) 2
(3) 2　　(4) 3
(5) 3　　(6) 5

❷ (1) **1 次式**　　(2) **2 次式**
(3) **3 次式**　　(4) **2 次式**
(5) **1 次式**　　(6) **2 次式**
(7) **3 次式**　　(8) **5 次式**

解説
❶ かけ合わされている文字の個数をその式の**次数**という。
❷ 多項式では，各項の次数のうち，もっとも大きいものをその式の次数といい，次数が●の式を●次式という。

式の加法・減法⑴

❶ (1) $7a-2b$　　(2) $-5x-6y$
(3) $4x^2-x$　　(4) $6ab-3b$

❷ (1) $5x+3y$　　(2) $-5a+3b-2$
(3) $a+6b$　　(4) $7x^2-5x-5$

❸ (1) 和…$5a+8b$
　　差…$3a-2b$
(2) 和…$8x^2-4x$
　　差…$-4x^2-2x$

❹ (1) $8a-b$　　(2) $-7x+4y$
(3) $15a+2b-3$　　(4) $-2x^2-6x-2$

解説
❷ (3) $3a+b-2a+5b=a+6b$
(4) $2x^2-x-8-4x+3+5x^2$
$=7x^2-5x-5$
❸ (1) 差…$(4a+3b)-(a+5b)$
$=4a+3b-a-5b$
$=3a-2b$

式の加法・減法⑵

❶ (1) $-4a-8b$　　(2) $x-2y$
(3) $4x-3y$　　(4) $-2a-4b+3$

❷ (1) $5a+4b$　　(2) $x+2y$
(3) $3a-14b$　　(4) $-4x+2$
(5) $7a+8b$　　(6) $2x+2y$

❸ (1) $\dfrac{3x-2y}{4}$　　(2) $\dfrac{7a+b}{8}$

(3) $\dfrac{7x+y}{6}$　　(4) $\dfrac{x+2y}{5}$

解説
❸ (3) $\dfrac{3(3x-y)-2(x-2y)}{6}$

$=\dfrac{9x-3y-2x+4y}{6}$

$=\dfrac{7x+y}{6}$

ANSWERS

No.05 単項式の乗法・除法(1)

1 (1) $8ab$ (2) $-15xy$

(3) $24mn$ (4) $-14abc$

(5) $2xy$ (6) $-6ab$

(7) $4xy$ (8) $-\dfrac{2}{5}ab$

2 (1) $36a^2$ (2) $25x^2$

(3) $-a^3$ (4) $-9x^2$

(5) $6x^3$ (6) $-24a^3$

(7) m^4 (8) $28a^2b$

(9) $2x^3$ (10) $6ab^2$

解説

2 (8) $4a^2 \times 7b = 4 \times 7 \times a^2 \times b = 28a^2b$

(9) $16x^2 \times \dfrac{1}{8}x = 16 \times \dfrac{1}{8} \times x^2 \times x = 2x^3$

(10) $\dfrac{2}{3}a \times 9b^2 = \dfrac{2}{3} \times 9 \times a \times b^2 = 6ab^2$

No.06 単項式の乗法・除法(2)

1 (1) $3a$ (2) $-6x$

(3) -8 (4) $\dfrac{2a}{3b}$

2 (1) $8b$ (2) $-16xy$

(3) $\dfrac{2}{3}y$ (4) $-\dfrac{3}{4}b$

3 (1) $-15a^2b^2$ (2) x^2

(3) $-6xy$ (4) $-2a$

(5) $6y^2$ (6) $-2a$

解説

2 (4) $\dfrac{5}{8}ab^2 \times \left(-\dfrac{6}{5ab}\right)$

$= \dfrac{5}{8} \times \left(-\dfrac{6}{5}\right) \times ab^2 \times \dfrac{1}{ab}$

$= -\dfrac{3}{4}b$

3 (5) $12x^2y \div 16x^2 \times 8y = 12x^2y \times \dfrac{1}{16x^2} \times 8y$

$= \dfrac{12x^2y \times 8y}{16x^2} = 6y^2$

(6) $20a^2 \times \dfrac{3}{5}b \times \dfrac{1}{-6ab}$

$= \dfrac{20a^2 \times 3b}{5 \times (-6ab)} = -2a$

No.07 式の値

1 (1) -10 (2) 8

(3) 2 (4) 4

(5) -7 (6) -17

2 (1) 10 (2) -6

(3) -11 (4) 8

(5) 36 (6) 18

(7) -6 (8) 8

解説

1 (6) $7xy - 3y^2$

$= 7 \times 2 \times (-1) - 3 \times (-1) \times (-1)$

$= -14 - 3$

$= -17$

2 式を計算して簡単にしてから代入する。

(7) $(-2a)^2 \div 2a^2b \times 4ab^3$

$= \dfrac{4a^2 \times 4ab^3}{2a^2b}$

$= 8ab^2$

$= 8 \times (-3) \times \left(\dfrac{1}{2}\right)^2$

$= 8 \times (-3) \times \dfrac{1}{4}$

$= -6$

No.08 等式の変形

1 (1) $x = 9y + 6$ (2) $b = -2a + 10$

(3) $a = -4b$ (4) $y = \dfrac{-4x+2}{3}$

(5) $x = \dfrac{3-3y}{2}$ (6) $b = 4a + 8$

(7) $a = 2b + 6$ (8) $x = 2y + 3$

(9) $c = -5a + b$ (10) $b = \dfrac{2m-3a}{7}$

2 (1) $x = \dfrac{5}{7y}$ (2) $a = \dfrac{9c}{2b}$

(3) $m = \dfrac{2\ell+2}{n}$ (4) $h = \dfrac{3V}{a^2}$

解説

1 (6) 左辺と右辺を入れかえて，$\dfrac{b}{4} - 2 = a$ とし

てから，b について解く。$\dfrac{b}{4} = a + 2$ 両辺

に 4 をかけて，

$b = 4a + 8$

ANSWERS

No. 09 文字式の利用

① 十の位の数を x，一の位の数を y とすると，2 けたの自然数は $10x+y$ と表せるから，

$$10x+y-(x+y)=10x+y-x-y=9x$$

x は整数だから，$9x$ は 9 の倍数である。

したがって，2 けたの自然数から，その数の十の位の数と一の位の数との和をひいた数は 9 の倍数になる。

② (1) $a=n-8$，$b=n-7$，
$c=n+7$，$d=n+8$

(2) (1)から，5 つの数の和を n を使って表すと，

$$a+b+n+c+d$$
$$=(n-8)+(n-7)+n+(n+7)+(n+8)$$
$$=5n$$

n は整数だから，$5n$ は 5 の倍数である。したがって，囲まれた 5 つの数の和は 5 の倍数になる。

③ 2 倍

【解説】
③ 四角柱 A の体積は，$a\times a\times h=a^2h\,(\mathrm{cm}^3)$
四角柱 B の底面の 1 辺の長さは$2a$cm，
高さは$\frac{1}{2}h$cm だから，その体積は，

$$2a\times 2a\times \frac{1}{2}h=2a^2h\,(\mathrm{cm}^3)$$

したがって，

$$2a^2h\div a^2h=2(倍)$$

No. 10 まとめテスト①

① (1) x^2-4xy (2) $-5a+b+6$

(3) $a+b$ (4) $\dfrac{5x+13y}{12}$

② (1) $28ab$ (2) $25x$

(3) $4a$ (4) $-3y$

③ (1) 3 (2) -18

④ 百の位の数を x，十の位の数を y，一の位の数を z とすると，3 けたの自然数は $100x+10y+z$ と表せる。

この自然数の百の位の数と一の位の数を入れかえた自然数は $100z+10y+x$ と表せる。

2 つの自然数の差は，

$$100x+10y+z-(100z+10y+x)$$
$$=100x+10y+z-100z-10y-x$$
$$=99x-99z=99(x-z)$$

x，z は整数だから，$(x-z)$ は整数で，$99(x-z)$ は99の倍数である。

したがって，3 けたの自然数から，その数の百の位の数と一の位の数を入れかえた自然数をひいた数は，99の倍数になる。

No. 11 連立方程式とその解

① (1)

x	0	1	2	3	4	5
y	-7	-6	-5	-4	-3	-2

(2)

x	0	1	2	3	4	5
y	5	3	1	-1	-3	-5

(3) $x=4$，$y=-3$

② (1) ⑦

(2) ⑦

③ ⑦，⑦

【解説】 方程式を成り立たせる文字の値が，その方程式の解である。したがって，解の値を方程式に代入すると，等式が成り立つ。

No. 12 連立方程式の解き方(1)

① (1) (順に) 8，8，1，1，1，4

(2) (順に) -3，3，-1，-1，-1，3

② (1) $x=4$，$y=2$

(2) $x=-1$，$y=6$

(3) $x=-1$，$y=3$

(4) $x=2$，$y=-2$

(5) $x=4$，$y=5$

(6) $x=-3$，$y=\dfrac{1}{2}$

ANSWERS

2 (5) 上の式×3 　　　$9x-6y=6$
　　 下の式×2 　$-)\ 16x-6y=34$
　　　　　　　　　$-7x\ \ \ \ \ \ =-28$
　　　　　　　　　　　　$x=4$
　　上の式に $x=4$ を代入すると，
　　　$3\times4-2y=2$
　　　　　　$-2y=-10$
　　　　　　　　$y=5$

No. 13 連立方程式の解き方(2)

1 (1) (順に) $2,\ 5,\ 2,\ 2,\ 2,\ -3$
　 (2) (順に) $7,\ -8,\ -1,\ -1,\ -1,\ -5$

2 (1) $x=3,\ y=4$
　 (2) $x=-2,\ y=4$
　 (3) $x=-1,\ y=-2$
　 (4) $x=5,\ y=-1$
　 (5) $x=6,\ y=1$
　 (6) $x=-\dfrac{1}{3},\ y=5$

解説

2 (5) 上の式を下の式に代入すると，
　　　$7x-(x-4)=40$
　　　　$7x-x+4=40$
　　　　　　　$6x=36$
　　　　　　　　$x=6$
　　$x=6$ を上の式に代入すると，
　　　$2y=6-4$
　　　$2y=2$
　　　　$y=1$

No. 14 連立方程式の解き方(3)

1 (1) $x=5,\ y=3$
　 (2) $x=-1,\ y=-8$
　 (3) $x=-2,\ y=4$
　 (4) $x=6,\ y=-2$

2 (1) $x=8,\ y=3$
　 (2) $x=4,\ y=-5$
　 (3) $x=2,\ y=1$
　 (4) $x=-2,\ y=-6$

解説

1 かっこのある連立方程式は，**かっこをはずして整理して**解く。
　 (1) 　$3(x-y)=x+1$
　　　　$3x-3y=x+1$
　　　　$2x-3y=1$
　　　$\begin{cases}x+y=8\\2x-3y=1\end{cases}$ を解く。

2 係数に分数や小数のある連立方程式は，**両辺を何倍かして係数を整数に直して**解く。
　 (4) 上の式×2 　$2x-y=2$ 　　……①
　　　 下の式×12 　$3x-4y=18$ 　……②
　　　①×4-②より，
　　　　　$8x-4y=8$
　　　$-)\ 3x-4y=18$
　　　　　$5x\ \ \ \ \ \ =-10$
　　　　　　　$x=-2$
　　①に $x=-2$ を代入すると，
　　　$2\times(-2)-y=2,\ y=-6$

No. 15 連立方程式の利用(1)

1 (1) $a=2,\ b=3$
　 (2) $a=-2,\ b=-1$

2 (1) $a=7,\ b=-3$
　 (2) $a=3,\ b=-2$

解説

1 (2) $a,\ b$ についての連立方程式
　　　$\begin{cases}3a+5=b\\3b-10a=17\end{cases}$ を解く。

2 (1) 左の連立方程式を解くと，
　　　$x=2,\ y=-5$
　　　右の連立方程式のそれぞれの方程式に，
　　　$x=2,\ y=-5$ を代入して，$a,\ b$ について
　　　の連立方程式をつくり，解く。
　 (2) 　4つの方程式はどれも同じ解をもつこと
　　　から，まず，次の連立方程式を解く。
　　　$\begin{cases}3y=2(x+7)\\2x-5y=-18\end{cases}$ 　$x=-4,\ y=2$
　　　$ax+by=-16,\ bx-ay=2$ に $x=-4,$
　　　$y=2$ を代入して，$a,\ b$ についての連立方
　　　程式をつくり，解く。

連立方程式の利用(2)

① (1) $\begin{cases} x+y=20 \\ 50x+80y=1180 \end{cases}$

(2) シール…14枚, 色紙…6枚

② (1) $\begin{cases} x=2y+1 \\ 10y+x=10x+y-36 \end{cases}$

(2) 73

③ おとな…1500円, 中学生…1200円

解説

② (1) もとの自然数は, $10x+y$

十の位の数と一の位の数を入れかえてできる自然数は, $10y+x$

これより, $10y+x=10x+y-36$

③ おとな1人の入場料を x 円, 中学生1人の入場料を y 円とすると, 入場料の合計は,

$x×(おとなの人数)+y×(中学生の人数)$

連立方程式 $\begin{cases} 2x+3y=6600 \\ 3x+8y=14100 \end{cases}$ を解く。

連立方程式の利用(3)

① 高速道路…100km, 一般道路…50km

② (1) $\begin{cases} x+y=200 \\ \dfrac{96}{100}x+\dfrac{112}{100}y=200×\dfrac{102}{100} \end{cases}$

(2) 男子…120人, 女子…84人

③ A…40個, B…80個

解説

① 高速道路を x km, 一般道路を y km走った

とすると, $\begin{cases} x+y=150 \\ \dfrac{x}{80}+\dfrac{y}{40}=2\dfrac{30}{60} \end{cases}$

② (1) 昨年度の男子と女子の入学者数をもとにして方程式をつくる。

今年度の男子の入学者数は,

$x×\left(1-\dfrac{4}{100}\right)=\dfrac{96}{100}x(人)$

今年度の女子の入学者数は,

$y×\left(1+\dfrac{12}{100}\right)=\dfrac{112}{100}y(人)$

---

③ A を x 個, B を y 個仕入れたとすると, 仕入れ値の関係から,

$500x+400y=52000$

A の定価は $500×1.2(円)$ で, x 個売れたから, その売上額は,

$500×1.2×x=600x(円)$

B の定価は $400×1.3(円)$ で, $(y-5)$ 個売れたから, その売上額は,

$400×1.3×(y-5)=520(y-5)(円)$

全体の売上額は, 仕入れ値に利益を加えた額だから, $52000+11000=63000(円)$

$\begin{cases} 500x+400y=52000 \\ 600x+520(y-5)=63000 \end{cases}$ を解く。

まとめテスト②

① (1) $x=-4, \ y=2$

(2) $x=3, \ y=-1$

(3) $x=-1, \ y=-5$

(4) $x=2, \ y=3$

(5) $x=5, \ y=7$

(6) $x=10, \ y=-5$

② $a=-4, \ b=-1$

③ (1) $\begin{cases} \dfrac{20}{60}x+\dfrac{20}{60}y=16 \\ \dfrac{45}{60}x=\dfrac{15}{60}y \end{cases}$

(2) 自転車…時速12km
バス…時速36km

---

1 次関数

① (1) $y=60x+150$

(2) $y=\dfrac{8}{x}$

(3) $y=5-x$

(4) $y=\pi x^2$

y が x の 1 次関数であるもの (1), (3)

② (1)

x	0	1	2	3	4	5	6
y	60	57	54	51	48	45	42

(2) $y=60-3x$ (3) $0≦x≦20$

③ (1) 4   (2) 28

No. 20　1次関数のグラフ(1)

① (1) 傾き 1，切片 -4

(2) 傾き -5，切片 3

(3) 傾き $-\dfrac{1}{2}$，切片 0

(4) 傾き $\dfrac{3}{4}$，切片 -7

② (1) 傾き -3，切片 6

(2) x 軸 $(2,\ 0)$，y 軸 $(0,\ 6)$

(3) ㋐，㋓

(4) $-3 \leqq y \leqq 9$

③ (1) （順に）2，2

(2) （順に）$\dfrac{1}{3}$，1，3

(3)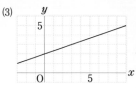

No. 21　1次関数のグラフ(2)

①

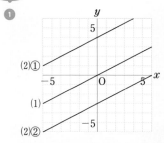

(3) ① y 軸の正の方向に 4 だけ平行に移動。

② y 軸の負の方向に 3 だけ平行に移動。

②

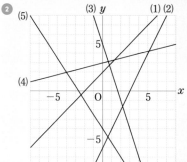

No. 22　1次関数の式の求め方(1)

① (1) $y=-x-4$

(2) $y=4x+5$

(3) $y=-\dfrac{1}{6}x+3$

(4) $y=\dfrac{4}{3}x-5$

② (1) $y=3x-7$

(2) $y=-\dfrac{1}{2}x+5$

(3) $y=-5x+6$

(4) $y=4x-9$

(5) $y=-\dfrac{2}{3}x-2$

(6) $y=\dfrac{3}{2}x-5$

（解説）

② (1) 求める直線の式は，$y=3x+b$ とおける。

この式に $x=2$，$y=-1$ を代入して，b を求める。

(4) $y=ax+b$ に，$x=1$，$y=-5$ を代入して，$-5=a+b$ ……①

$x=3$，$y=3$ を代入して，

$3=3a+b$ ……②

①，②を連立方程式として解く。

No. 23　1次関数の式の求め方(2)

① (1) $y=-6x+8$

(2) $y=2x-3$

(3) $y=\dfrac{1}{4}x-5$

(4) $y=-\dfrac{2}{3}x+7$

② $a=-1$

③ (1) $y=7$

(2) $a=-2$，$b=1$

（解説）

② 2点$(2,\ -4)$，$(9,\ 3)$を通る直線の式は，

$y=x-6$　この直線が点$(5,\ a)$を通るから，

$y=x-6$ に，$x=5$，$y=a$ を代入して，

$a=5-6=-1$

（別解）2点$(2,\ -4)$，$(9,\ 3)$を通る直線の傾きと，2点$(9,\ 3)$，$(5,\ a)$を通る直線の傾きが等しいことから求めることができる。

③ (1) 1次関数 $y=ax+b$ のグラフは右下がりの直線だから，$x=-3$ のときの y の値は -1 ではなく 7。

(2) $x=-3$ のとき $y=7$ だから，

$7=-3a+b$

$x=1$ のとき $y=-1$ だから，

$-1=a+b$

これらを連立方程式として解くと，

$a=-2$，$b=1$

❶
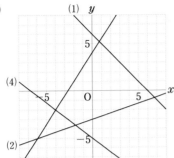
(1) y
(4)
-5　O　5　x
(2)
(3)
-5

❷ (1) x軸 $(5,\ 0)$，y軸 $(0,\ -2)$

(2)
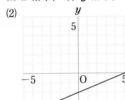
y
5
-5　O　5　x
-5

❸
y (1)
5
-5　O　5　x
(2)
-5

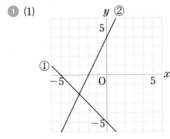

❶ (1)
y ②
5
① -5　O　5　x
-5

解は，$x=-3$，$y=-2$

(2)
y
② 5
① -5　O　5　x
-5

解は，$x=-4$，$y=1$

❷ (1) $\ell\cdots y=2x+4$

$m\cdots y=-\dfrac{1}{3}x+1$

(2) $\left(-\dfrac{9}{7},\ \dfrac{10}{7}\right)$

❸ (1) $y=-2x+9$　　(2) $a=-\dfrac{1}{2}$

解説

❸(1) 2直線 $y=3x-1$，$y=-x+7$ の交点の座標は $(2,\ 5)$

直線 $y=-2x+b$ は点 $(2,\ 5)$ を通るから，
$5=-2\times2+b$，$b=9$

(2) 2直線 $y=x+1$，$y=-2x-5$ の交点の座標は $(-2,\ -1)$

$y=ax-2$ は点 $(-2,\ -1)$ を通るから，
$-1=-2a-2$，$a=-\dfrac{1}{2}$

❶ (1) 12cm　　　　　(2) $y=-\dfrac{1}{2}x+12$

(3) 7 cm

❷ (1) $y=60x$　　　　(2) 13分20秒後

解説

❷(2) $y=60x$ と $y=150x-1200$ を連立方程式として解くと，$x=\dfrac{40}{3}=13\dfrac{1}{3}$

❶ (1) $y=2x$　$(0\leqq x\leqq5)$

(2) $y=-2x+28$　$(9\leqq x\leqq14)$

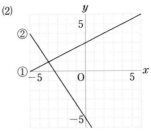

ANSWERS

(3)

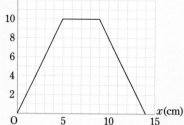

❷ (1) 4秒後

(2) $y=-3x+12$ （$0≦x≦4$）

$y=3x-12$ （$4≦x≦6$）

$y=x$ （$6≦x≦12$）

解説

❶(2) 点 P が B まで動いたとき，その距離は
5＋4＋5＝14(cm)だから，点 P が辺 BC 上
にあるとき，

BP＝14－x(cm)

よって，$y=\dfrac{1}{2}×4×(14-x)=-2x+28$

❷(2) $0≦x≦4$ のとき，$y=12-x-2x$

$4≦x≦6$ のとき，$y=x+2x-12$

$6≦x≦12$ のとき，$y=6+(x-6)$

No. 28 まとめテスト③

❶ (1) $y=\dfrac{1}{3}x-2$ (2) $y=-4x-5$

❷ (1)(2)

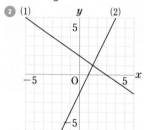

❸ (1) x 軸との交点…$\left(\dfrac{9}{2},\ 0\right)$

y 軸との交点…$(0,\ -6)$

(2) $\left(\dfrac{12}{7},\ -\dfrac{26}{7}\right)$

❹ (1) 8 cm (2) 28cm

No. 29 平行線と角

❶ (1) $∠x=40°$，$∠y=55°$

(2) $∠x=75°$，$∠y=35°$

❷ (1) $∠e$ (2) $∠c$

(3) $∠h$ (4) $∠c$

❸ (1) $∠x=50°$，$∠y=40°$

(2) $∠x=65°$，$∠y=45°$

(3) $∠x=65°$

(4) $∠x=35°$

解説

❶ 対頂角は等しい。

(2) $∠y+75°+2∠y=180°$，$∠y=35°$

❸ 平行な2直線に1つの直線が交わるとき，

・同位角は等しい。 ・錯角は等しい。

(3) 下の図のように，直線 $ℓ$ に平行な直線 n
をひくと，

$∠x=30°+35°$

　　$=65°$

No. 30 三角形の内角と外角

❶ (1) $∠x=65°$ (2) $∠x=50°$

(3) $∠x=75°$ (4) $∠x=55°$

❷ $∠x=70°$

❸ $∠x=45°$

解説

❶ 三角形の内角と外角の性質

・三角形の内角の和は180°

・三角形の外角は，それととなり合わない2
つの内角の和に等しい。

(4) $105°=50°+∠x$

$∠x=105°-50°=55°$

❷ $∠x+60°=130°$

$∠x=130°-60°=70°$

No. 31　多角形の内角と外角

❶ (1) $\angle x=130°$　　(2) $\angle x=80°$

❷ (1) $720°$　　　　　(2) $135°$

　(3) $30°$　　　　　 (4) **九角形**

❸ $\angle x=110°$

（解説）

❶ (1) n 角形の内角の和は，

　　$180°\times(n-2)$

　(2) 多角形の外角の和は360°

❷ (2) 正 n 角形の 1 つの内角の大きさは，

　　$\dfrac{180°\times(n-2)}{n}$

　(3) 正 n 角形の 1 つの外角の大きさは，

　　$\dfrac{360°}{n}$

❸ 下の図のような補助線をひくと，

　　$\angle x=\angle a+35°+\angle b+25°$

　　　　$=\angle a+\angle b+60°$

　　　　$=50°+60°=110°$

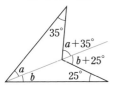

No. 32　合同な図形と三角形の合同条件

❶ (1) **辺 EH**　　　 (2) **5 cm**

　(3) $\angle F$　　　　(4) $100°$

❷ △ABC≡△ONM

　2 組の辺とその間の角がそれぞれ等しい。

　△DEF≡△PRQ

　3 組の辺がそれぞれ等しい。

　△GHI≡△LJK

　1 組の辺とその両端の角がそれぞれ等しい。

（解説）

❶ (4) $\angle E=\angle A=110°$ だから，

　　$\angle H=360°-(70°+80°+110°)=100°$

❷ $\angle J=180°-(40°+85°)=55°$ から，

1 組の辺とその両端の角がそれぞれ等しいことを
利用できる。

No. 33　証明とそのしくみ

❶ (1) 〔仮定〕$A=B$

　　　〔結論〕$AC=BC$

　(2) 〔仮定〕x が 6 の約数

　　　〔結論〕x は12の約数

　(3) 〔仮定〕$\ell /\!/ m$，$\ell\perp n$

　　　〔結論〕$m\perp n$

　(4) 〔仮定〕$\angle A+\angle B=80°$

　　　〔結論〕△ABC は鈍角三角形

❷ (1) 〔仮定〕$\ell /\!/ m$，AE＝DE

　　　〔結論〕AB＝CD

　(2) △AEB と △DEC

　(3) ⑦，①

（解説）

❷ (3) ∠AEB＝∠DEC（対頂角）

　　　∠BAE＝∠CDE（平行線の錯角）

　これと AE＝DE より，1 組の辺とその両端
　の角がそれぞれ等しいから，

　△AEB≡△DEC

No. 34　三角形の合同条件と証明(1)

❶ （順に）OD，BOD，

　2 組の辺とその間の角，OAC，OBD

❷ 点 B と C，D をそれぞれ結ぶ。

　△ABC と △ABD において，

　AC，AD は円 A の半径だから，

　AC＝AD　　　　　　　　　……①

　BC，BD は円 B の半径だから，

　BC＝BD　　　　　　　　　……②

　AB は共通　　　　　　　　……③

　①，②，③より，3 組の辺がそれぞれ等し

　いから，△ABC≡△ABD

　合同な図形の対応する角は等しいから，

　∠CAB＝∠DAB

　すなわち，線分 AB は∠CAD の二等分線

　である。

ANSWERS

No. 35 三角形の合同条件と証明⑵

❶ (順に) DC, EC, 90, ECD,
2 組の辺とその間の角

❷ △AMD と △EMC において,
点 M は辺 DC の中点だから,
DM＝CM　　　　　　　……①
対頂角は等しいから,
∠AMD＝∠EMC　　　　……②
AD∥BE で, 錯角は等しいから,
∠ADM＝∠ECM　　　　……③
①, ②, ③より, 1 組の辺とその両端の角
がそれぞれ等しいから,
△AMD≡△EMC
合同な図形の対応する辺は等しいから,
AD＝EC

No. 36 まとめテスト④

❶ (1) ∠x＝65°, ∠y＝105°
　 (2) ∠x＝50°, ∠y＝80°

❷ (1) 140°
　 (2) 正十五角形

❸ (1) △ACE と △DCB において,
　　△DAC は正三角形だから,
　　AC＝DC　　　　　　　……①
　　△ECB は正三角形だから,
　　EC＝BC　　　　　　　……②
　　正三角形の 1 つの内角は60°だから,
　　∠ACE＝60°＋∠DCE　　……③
　　∠DCB＝60°＋∠DCE　　……④
　　③, ④から, ∠ACE＝∠DCB ……⑤
　　①, ②, ⑤より, 2 組の辺とその間の
　　角がそれぞれ等しいから,
　　△ACE≡△DCB
　 (2) 60°

（解説）

❸(2)　∠DFA＝∠FAB＋∠FBA
　　　＝∠BDC＋∠FBA
　　　＝∠DCA＝60°

No. 37 二等辺三角形の性質

❶ (1) ∠x＝50°, ∠y＝80°
　 (2) ∠x＝73°, ∠y＝107°

❷ ∠x＝70°, ∠y＝30°

❸ (順に) AC, BAD, AD,
2 組の辺とその間の角, 90

（解説）

❶ 二等辺三角形の底角は等しい。
　(2)　∠x＝(180°−34°)÷2＝73°
　　　∠y＝34°＋73°＝107°

No. 38 二等辺三角形になる条件

❶ (1) (順に) ACB, DEC, ACB(DCE), 2
　 (2) △DBE と △DFC において,
　　仮定から, BE＝FC　　　　……①
　　(1)から, DE＝DC　　　　　……②
　　∠DEB＝180°−∠DEC　　……③
　　∠DCF＝180°−∠DCE　　……④
　　③, ④と, ∠DEC＝∠DCE から,
　　∠DEB＝∠DCF　　　　　……⑤
　　①, ②, ⑤より, 2 組の辺とその間の
　　角がそれぞれ等しいから,
　　△DBE≡△DFC
　　合同な図形の対応する辺は等しいから,
　　DB＝DF したがって, △DBFは二等
　　辺三角形である。

❷ (1) ab が偶数ならば, a は偶数, b は偶数
　　である。…正しくない。
　 (2) 2 直線に 1 つの直線が交わるとき, 錯
　　角が等しいならば, 2 直線は平行であ
　　る。…正しい。
　 (3) ∠A＝∠D, ∠B＝∠E, ∠C＝∠F
　　ならば, △ABC≡△DEFである。
　　…正しくない。

（解説）

❷(1)　a が偶数, b が奇数でも, ab は偶数であ
　　るから, 正しくない。
　(3)　辺の長さが同じとはかぎらないから, 正
　　しくない。

ANSWERS

① ⑦と③　直角三角形の斜辺と他の1辺が
それぞれ等しい。
④と⑨　直角三角形の斜辺と1つの鋭角
がそれぞれ等しい。

② △ABE と △ADF において，
∠ABE＝∠ADF＝90°　　　……①
四角形 ABCD は正方形だから，
AB＝AD　　　　　　　　　……②
仮定から，AE＝AF　　　　　……③
①，②，③より，直角三角形の斜辺と他
の1辺がそれぞれ等しいから，
△ABE≡△ADF
合同な図形の対応する辺は等しいから，
BE＝DF

③ △EBC と △DCB において，
∠BEC＝∠CDB＝90°　　　……①
BC は共通　　　　　　　　　……②
AB＝AC だから，
∠EBC＝∠DCB　　　　　　……③
①，②，③より，直角三角形の斜辺と1つ
の鋭角がそれぞれ等しいから，
△EBC≡△DCB
合同な図形の対応する角は等しいから，
∠ECB＝∠DBC
すなわち，△PBC は∠PBC＝∠PCB だ
から，二等辺三角形である。

① (1) $x＝50$，$y＝130$
　　(2) $x＝6$，$y＝4$

② ∠x＝70°，∠y＝110°

③ (1) △AEO と △CFO において，
平行四辺形の対角線はそれぞれの中点
で交わるから，AO＝CO　　　……①
対頂角は等しいから，
∠AOE＝∠COF　　　　　　……②
AE∥FC で，錯角は等しいから，
∠OAE＝∠OCF　　　　　　……③

①，②，③より，1組の辺とその両端
の角がそれぞれ等しいから，
△AEO≡△CFO
(2) △ABE と △CDF において，
(1)から，OE＝OF
これと BO＝DO から，
BE＝DF　　　　　　　　　　……④
平行四辺形の対辺は等しいから，
AB＝CD　　　　　　　　　　……⑤
AB∥DC で，錯角は等しいから，
∠ABE＝∠CDF　　　　　　……⑥
④，⑤，⑥より，2組の辺とその間の
角がそれぞれ等しいから，
△ABE≡△CDF

① (1) ×　　(2) ○　　(3) ×　　(4) ○

② AD∥BC だから，AE∥FC　　……①
AD＝BC，DE＝BF から，
AE＝FC　　　　　　　　　　……②
①，②より，1組の対辺が平行でその長さ
が等しいから，四角形 AFCE は平行四辺
形である。

③ △AOE と △COF において，
平行四辺形の対角線はそれぞれの中点で
交わるから，AO＝CO　　　　　……①
対頂角は等しいから，
∠AOE＝∠COF　　　　　　　……②
AE∥FC で，錯角は等しいから，
∠OAE＝∠OCF　　　　　　　……③
①，②，③より，1組の辺とその両端の角
がそれぞれ等しいから，
△AOE≡△COF
合同な図形の対応する辺は等しいから，
OE＝OF　　　　　　　　　　　……④
①，④より，対角線がそれぞれの中点で
交わるから，四角形 AFCE は平行四辺形
である。

ANSWERS

❶ $\angle x=28°$, $\angle y=118°$

❷ $\angle x=74°$, $\angle y=53°$

❸ 折り返した角だから，
$\angle ECA=\angle BCA$ ……①
$AD \parallel BC$ より，錯角が等しいから，
$\angle EAC=\angle BCA$ ……②
①，②から，$\angle ECA=\angle EAC$
したがって，2つの角が等しいから，
$\triangle EAC$ は二等辺三角形である。

❹ $\triangle DAE$ と $\triangle DCF$ において，ひし形の辺
だから，$DA=DC$ ……①
正三角形の辺だから，$DE=DF$ ……②
$AD \parallel EF$ より，錯角が等しいから，
$\angle ADE=\angle DEF$ ……③
また，正三角形の角だから，
$\angle CDF=\angle DEF$ ……④
③，④から，$\angle ADE=\angle CDF$ ……⑤
①，②，⑤より，2組の辺とその間の角が
それぞれ等しいから，
$\triangle DAE \equiv \triangle DCF$
合同な図形の対応する辺は等しいから，
$AE=CF$

（解説）

❶ $AB \parallel DC$ より，$\angle CDG=52°$ だから，
$\triangle CDG$ で，$\angle x=80°-52°=28°$
$\triangle CDF$ で，$\angle y=28°+90°=118°$

❷ $\triangle AED$ は $AE=AD$ の二等辺三角形だから，
$\angle AED=(180°-32°)\div2=74°$
よって，$BA \parallel CD$ より，$\angle x=\angle AED=74°$
また，$AD=AE$，$AD=AB$ より，$\triangle ABE$ は
$AB=AE$ の二等辺三角形だから，
$\angle y=(180°-74°)\div2=53°$

❶ (1) $\triangle BCD$　　　(2) $\triangle ACB$
　　(3) $\triangle BED$

❷ (1) $\triangle AMC$, $\triangle MBC$　(2) $24cm^2$

❸ (順に) D, AC, ℓ, E, A, E

（解説）

❶ (3) $\triangle ACE=\triangle ACD-\triangle ECD$
　　　$=\triangle BCD-\triangle ECD$
　　　$=\triangle BED$

❷ (2) 平行四辺形 $ABCD=2\triangle ABC$
　　　$=2\times2\triangle AMC=4\triangle AMD=4\times6$
　　　$=24(cm^2)$

❶ (1) $36°$　　　　　　(2) $22°$

❷ (1) $55°$
　　(2) 仮定から，$\angle DAE=\angle BAE$ ……①
　　　$AD \parallel BC$ で，同位角は等しいから，
　　　$\angle DAE=\angle CEF$ ……②
　　　$AB \parallel DF$ で，錯角は等しいから，
　　　$\angle BAE=\angle CFE$ ……③
　　　①，②，③から，$\angle CEF=\angle CFE$
　　　したがって，2つの角が等しいから，
　　　$\triangle CEF$は二等辺三角形である。

❸ $\triangle ABD$ と $\triangle BCE$ において，
　仮定から，
　$\angle ADB=\angle BEC=90°$ ……①
　$AB=BC$ ……②
　$\angle ABD=\angle ABC-\angle EBC$
　　　$=90°-\angle EBC$ ……③
　$\angle BCE=180°-\angle BEC-\angle EBC$
　　　$=180°-90°-\angle EBC$
　　　$=90°-\angle EBC$ ……④
　③，④から，$\angle ABD=\angle BCE$ ……⑤
　①，②，⑤より，直角三角形の斜辺と1つ
　の鋭角がそれぞれ等しいから，
　$\triangle ABD \equiv \triangle BCE$
　合同な図形の対応する辺は等しいから，
　$BD=CE$

（解説）

❶ (1) $\angle CAD=\angle ACB$
　　　$=180°-(68°+76°)=36°$

❷ (1) $\angle AEB=\angle DAE$
　　　$=(180°-70°)\div2$
　　　$=55°$

1 (1) ㋐ 0.14 ㋑ 0.15

 ㋒ 0.16 ㋓ 0.17

 (2) 0.17

2 (1) ① 9 ② 2 ③ $\dfrac{2}{9}$

 (2) 白玉…$\dfrac{4}{9}$, 青玉…$\dfrac{1}{3}$

3 (1) $\dfrac{1}{4}$ (2) $\dfrac{1}{2}$

解説

3 2枚の硬貨の表裏の出方は,(表, 表),(表, 裏),(裏, 表),(裏, 裏)の4通り。

1 (1) (順に) 6, 6, 36

 (2) (順に) 6, $\dfrac{1}{6}$

2 (1)

A＼B	1	2	3	4	5	6
1	2	3	4	5	6	7
2	3	4	5	6	7	8
3	4	5	6	7	8	9
4	5	6	7	8	9	10
5	6	7	8	9	10	11
6	7	8	9	10	11	12

 (2) $\dfrac{5}{36}$ (3) $\dfrac{5}{18}$

 (4)

A＼B	1	2	3	4	5	6
1	1	2	3	4	5	6
2	2	4	6	8	10	12
3	3	6	9	12	15	18
4	4	8	12	16	20	24
5	5	10	15	20	25	30
6	6	12	18	24	30	36

 (5) $\dfrac{1}{9}$ (6) $\dfrac{2}{9}$

1 (1) 10

 (2) (順に) 3, $\dfrac{3}{10}$

 (3) (順に) 6, $\dfrac{3}{5}$

2 (1) $\dfrac{2}{5}$ (2) $\dfrac{7}{10}$

3 (1) $\dfrac{3}{5}$ (2) $\dfrac{2}{5}$

解説

2 2枚のカードの取り出し方を樹形図に表すと,下のようになる。

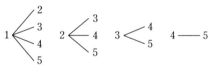

1 (1) 6通り (2) $\dfrac{1}{3}$

 (3) $\dfrac{1}{3}$ (4) 0

 (5) 1

2 (1) 12通り (2) $\dfrac{1}{4}$

 (3) $\dfrac{3}{4}$

解説

1(1) 3けたの整数を樹形図に表すと,下のようになる。

 百の位 十の位 一の位

 1 < 2 ── 3 / 3 ── 2

 2 < 1 ── 3 / 3 ── 1

 3 < 1 ── 2 / 2 ── 1

 (2) 偶数になるのは,132, 312の2通り。

2(2) Bが議長に選ばれる場合は3通りあるから,求める確率は,$\dfrac{3}{12}=\dfrac{1}{4}$

 (3) Cが議長に選ばれる確率は,(2)と同様に$\dfrac{1}{4}$だから,求める確率は,$1-\dfrac{1}{4}=\dfrac{3}{4}$

No. 49 確率(5)

1 (1) **10通り**　　　(2) $\dfrac{2}{5}$

　　(3) $\dfrac{3}{5}$　　　　(4) $\dfrac{7}{10}$

2 (1) **25通り**　　　(2) $\dfrac{4}{25}$

　　(3) $\dfrac{6}{25}$　　　　(4) $\dfrac{12}{25}$

解説

1 (2)　A が選ばれる場合は 4 通りある。

(4)　C，D，E から 2 人を選ぶ組み合わせは 3
通りあるから，求める確率は，

$$1-\dfrac{3}{10}=\dfrac{7}{10}$$

2 玉の取り出し方は，下のようになる。

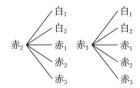

No. 50 まとめテスト⑥

1 (1) **24通り**　　　(2) $\dfrac{1}{6}$

2 (1) $\dfrac{1}{6}$　　　　(2) $\dfrac{1}{9}$

　　(3) $\dfrac{5}{36}$　　　　(4) $\dfrac{5}{12}$

3 (1) **8通り**　　　(2) $\dfrac{1}{2}$

4 $\dfrac{3}{5}$

解説

1 (2)　父と母が両端にくる場合は，

　㊫㊒㊛㊊，㊫㊛㊒㊊，㊊㊒㊛㊫，㊊㊛㊒㊫
の 4 通り。

No. 51 箱ひげ図

1 (1) ㋐…**5**，㋑…**7**，㋒…**8**，
　　㋓…**9**，㋔…**10**

(2) **2本**

(3)

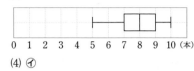

(4) ㋑

解説

1 (1)　データを小さい順に並べる。

　5，6，7，7，8，｜ 8，8，9，9，10
　最小値　　　　　　　　　　　　　　　最大値
　　　第1四分位数　　第2四分位数　　第3四分位数

(2)　第3四分位数－第1四分位数
　　＝9－7＝2(本)

(4)　箱ひげ図から，多少右にかたよった分布
であることが読み取れるので，㋑。

No. 52 まとめテスト⑦

1 (1) 第1四分位数…**23kg**
　　　第2四分位数…**26.5kg**
　　　第3四分位数…**29kg**

(2) **6kg**

(3)

2 (1) **5点**　　　(2) **6点**

(3) ㋐…**いえない。**
　　㋑…**いえる。**
　　㋒…**いえない。**

解説

1 (1)　第2四分位数は26kgと27kgの平均値で，

$$\dfrac{26+27}{2}=26.5(kg)$$

2 (1)　範囲は，最大値－最小値だから，
　　10－5＝5(点)

(3)　㋐英語も数学も四分位範囲は 3 点で同じ。
　　㋑数学の範囲は 7 点で英語の範囲より大き

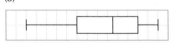

いので，散らばりの程度は大きいといえる。
⑦第3四分位数と最大値の間のひげの部分には約25％のデータがあるから，英語は9点以上の人が約25％，数学は8点以上の人が約25％いる。よって，数学の方が多いとはいえない。

No. 53 総復習テスト①

1 (1) $4x-2y$　　(2) $-2a-11b$
(3) $27b$　　(4) $-3xy$

2 (1) $x=2$, $y=-1$　　(2) $x=-\dfrac{1}{3}$, $y=-5$

3 $x=7$, $y=5$

4
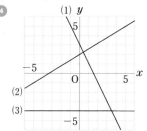

5 $\angle x=70°$, $\angle y=25°$

6 △ADE と △ACE において，
仮定から，
$\angle ADE=\angle ACE=90°$　　……①
$AD=AC$　　……②
AE は共通　　……③
①，②，③より，直角三角形の斜辺と他の1辺がそれぞれ等しいから，
△ADE≡△ACE
合同な図形の対応する角は等しいから，
$\angle DAE=\angle CAE$ したがって，線分 AE は $\angle BAC$ の二等分線である。

7 $90°$

8 (1) $\dfrac{1}{4}$　　(2) $\dfrac{7}{18}$

9 第1四分位数…14
第2四分位数…16.5
第3四分位数…20

No. 54 総復習テスト②

解説

3 $\begin{cases} 2+3+x+y+3=20 \\ \dfrac{1\times 2+2\times 3+3x+4y+5\times 3}{20}=3.2 \end{cases}$

7 $\angle AEB=180°-(\angle BAE+\angle ABE)$
$=180°-(\angle BAD+\angle ABC)\div 2$
$=180°-180°\div 2=180°-90°=90°$

1 (1) $9a-6b$　　(2) $\dfrac{x-y}{6}$

2 (1) 7　　(2) 9

3 (1) $x=4$, $y=-2$　　(2) $x=-8$, $y=5$

4 兄…分速175m，弟…分速125m

5 (1) $(-4, 5)$　　(2) $y=-\dfrac{1}{2}x+3$

6 $24°$

7 $\angle x=115°$, $\angle y=142°$

8 平行四辺形の対角線はそれぞれの中点で交わるから，
$AO=CO$　　……①
$BO=DO$　　……②
②と BE=DF から，
$EO=FO$　　……③
①，③より，四角形 AECF で，対角線 AC と EF は，それぞれの中点で交わるから，四角形 AECF は平行四辺形である。

9 (1) $\dfrac{15}{16}$　　(2) $\dfrac{1}{5}$

解説

4 兄の速さを分速 xm，弟の速さを分速 ym とすると，$\begin{cases} 24x-24y=1200 \\ 4x+4y=1200 \end{cases}$

6 $\angle ABC=\angle ACB=(180°-48°)\div 2=66°$，
$\angle DBC=66°\div 2=33°$，
$\angle DCE=\angle ACE\div 2=(180°-66°)\div 2=57°$，
$\angle BDC=57°-33°=24°$

7 $\angle x=180°-65°=115°$
$\angle y=28°+(49°+65°)=142°$

ANSWERS

15

memo